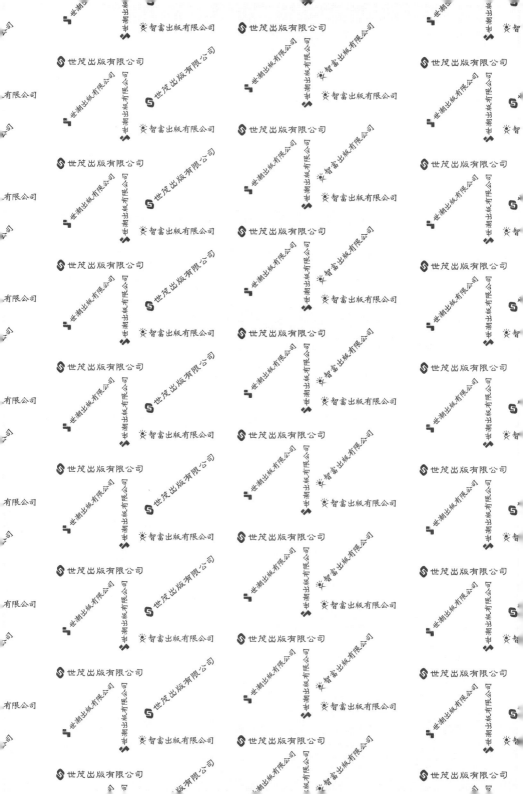

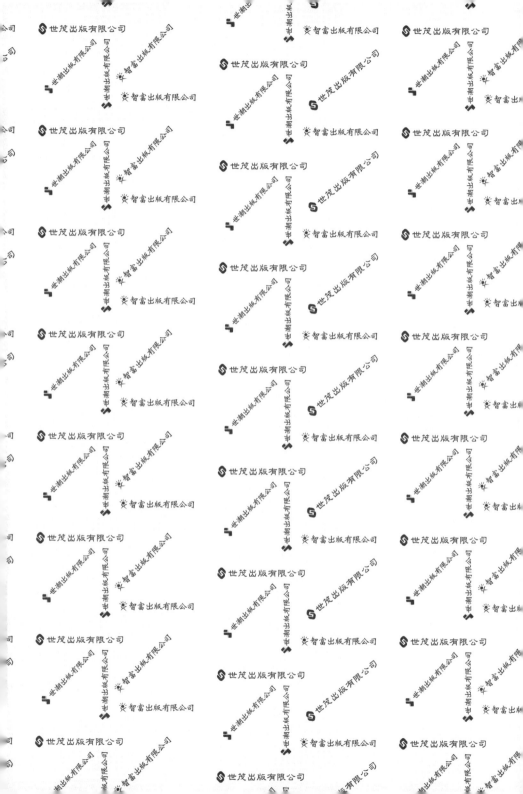

3小時讀通
生物

左卷健男、左卷惠美子◎著

陳文涵◎譯

　　本書是為了「重新學習」所撰寫的生物教學輔助書籍，希望藉由閱讀本書，每個人都能愉快且迅速學好基礎生物學內容。

　　由於本書的大綱已超過國中生物課本，介於高中生物課本之間，再加上並沒有經過教科書編審單位審核，因此可說是基礎生物學「非官方版本」。

　　適合閱讀本書的對象有：

1. 因為工作或學業等需求，希望在短時間內重新學會生物基礎知識的成人。
2. 希望在短時間內復習中學生物的國、高中生。
3. 希望可以事先預習中學生物概要的學生。

　　其中，筆者更以「因為工作或學業等需求，希望在短時間內重新學會生物基礎知識的成人」為預設的主要讀者群。

　　現在「分子生物學」發展蓬勃，到處都可見DNA、RNA及ATP等專有名詞，可見學習生物相關知識的重要性，如細胞、組織、器官、個體以及生態、演化等。

　　其中，特別是細胞、個體、生態及演化等基礎知識，具備這些知識，才能進一步了解DNA及RNA

的分子生物學。基礎生物學就是這些深入複雜知識的基礎。

因此，筆者提出的學習方法是，先在短時間內，重新學習中學程度的基礎知識，再視需求來學習更高程度的進階知識。

筆者是在日本審定國高中理科教科書的編輯委員兼執筆人。由於日本教科書必須依照文部科學省的教學綱要來編撰，否則無法通過教科書審定，但是對於所謂的教學綱要，筆者深感內容不盡周全。因而立志出版《非審定版理科教科書》。推出後，受到眾多讀者歡迎而成為暢銷書籍，現今仍是許多私立中學指定使用的教科書。

這是因為非審定版的教科書，能夠更加具體地說明「這樣的內容應該以這樣的方式仔細教導學生」。

我撰寫非審定版教科書的經驗，完成了本書《3小時讀通生物》。

筆者發現，「在這個標準嚴格的時代，若讀者只是閱讀簡易理科小知識及專欄等雜學書籍，無法學以致用」。

市面一般的雜學書籍，能使讀者對理科產生的興趣有限，而且由於知識不完整，無法實際運用在工作或學業上，學習必須有系統地才能見到成效。

想要讓成人重新學習，關鍵在於「速成」。本書在維持知識整體性的同時，也精心篩選真正重要的基礎知識，並以這些基礎知識為骨幹，加入補充說明，希望讀者能夠學得迅速又均衡。每一章平均

只要30分鐘便能吸收，並在關鍵處帶出一些小問題。

若是讀者想要進一步學習日本中學理科（自然科），在此推薦筆者所著的非審定版教科書《最新科學教科書》（新しい科学の教科書，左卷健男／執筆代表，文一總合出版，2009年），可依照「學年」及「領域」來選擇。

最後，感謝擔任本書編輯的科學書籍編輯部石井顯一先生，以及配合本書快樂學習目的而繪製插畫的真中千尋小姐。

左卷健男・左卷惠美子

CONTENTS

CONTENTS

植物的構造、
作用、生活

貓老師

小喵

植物是一種生物，能夠經由「光合作用」自行製造養分（有機物）。觀察週遭的植物，可以發現植物會伸展枝幹以得到更多陽光，因此葉子都長在容易接收陽光照射的位置。本書的第一章是以介紹光合作用為主，一起學習植物的構造與作用吧！

問題 下圖中，哪些是生物？

生物具有「呼吸」、「獲取養分」、「生長」、「繁衍後代（增殖）、」「由細胞組成」等特徵。

生物呼吸、獲取養分並生長，但是，活著就代表終會死亡，任何生物都有一定的壽命，因此，生物必須繁衍後代，以延續自己的基因。

答案 獅子、蒲公英、珊瑚、蜻蜓、鯨

2　動物與植物

生物可以分成「動物」與「植物」兩大類。

有人或許會認為，「獅子與鯨是動物，不過蜻蜓是昆蟲，我才不會上當呢」，確實如此，蜻蜓不是胎生，而是卵生的昆蟲。

但是，並非只有胎生並哺乳育兒的獅子與鯨等哺乳類才是動物，蜻蜓也會活動並捕食其他生物，所以是動物。

那麼，珊瑚是動物嗎？還是植物呢？

從前人們認為珊瑚「固定不動，又會開花，所以是植物」。

直到西元1800年左右，生物學家才認定珊瑚是動物。他們發現，人們以為的花，其實是珊瑚身體結構中類似海葵的部分。

珊瑚以捕食海中的微小動植物，即浮游生物為食，還會讓植物性的浮游生物寄生在體內，並以這些浮游生物的殘渣維生。

答案 獅子、珊瑚、蜻蜓、鯨

珊瑚主要捕食海中的微小動植物為食，即浮游生物。

捕食!?
那麼珊瑚算是動物囉！

珊瑚多以海中的浮游生物維生，是貨真價實的動物。

高中生物的「五界說」

　　生物課程將生物大致分為「動物界與植物界」，但是以動物界與植物界的雙界說，難以將黴菌與蕈類（真菌類）分類，因此，國中生物便將生物分為三大類：「動物界」（Animalia）、「植物界」（Plantae）、「菌物界」（Myceteae），也就是三界說。

　　高中生物則進一步採用「五界說」，除了動物界、植物界及菌物界，又加入單細胞的「原生生物界」（Protista），與細胞核沒有核膜的「原核生物界」（Monera）。

　　生物的分類方式因不同的學說而異，所以五界說並不算是生物完整的分類方式。

圖　三界說與五界說

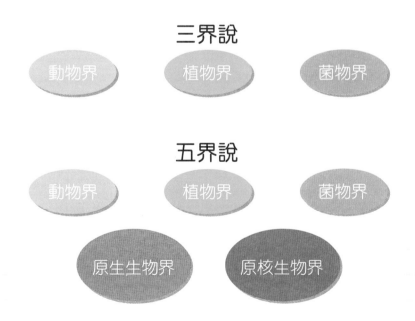

三界說

動物界　　植物界　　菌物界

五界說

動物界　　植物界　　菌物界

原生生物界　　原核生物界

問題 僅澆水的柳樹盆栽（2.27公斤），在5年後成長至76.74公斤。那麼，盆栽中的土總共減少了多少呢？

甲 不到0.06公斤

乙 0.06公斤

丙 6公斤

丁 60公斤以上

哪個是正確答案？

土？

都長到76公斤了，土應該少了很多吧？

　　古希臘哲學家亞里斯多德曾說，「植物是倒立的動物」，因為「植物由根攝取養分，所以根是植物的嘴巴」。很長一段時間，人們都同意這個說法。

　　亞里斯多德之後約2000年，到了西元1648年（當時約日本江戶時代開始，中國清朝永曆初期），比利時醫師海爾蒙特（Jan Baptist van Helmont）有了不同的想法：「若植物真的是從土壤吸收全部所需的養分，則土的重量應該隨著植物成長而減少。」於是，他花費5年的時間觀察柳樹的成長。

剛開始實驗時，柳樹只有2.27公斤，僅灌溉水的情況下，5年後已長至76.74公斤，也就是5年之中增加了70多公斤的重量。

植物的成分約8～9成是水，1～2成為其他物質，因此，簡單計算後，可以發現柳樹增加的物質，除去水，是7～14公斤。

那麼，土的重量是否也減少了7～14公斤呢？測量結果並沒有，土只少了0.056公斤。

海爾蒙特的結論是，「由於只供給水分，所以柳樹重量增加是來自根部吸收的水」。

現在，我們知道這個結論是錯誤的，然而，海爾蒙特證明了植物會從根部吸收水分，與動物具有不同的生活方式，可說是一個相當珍貴的實驗。

海爾蒙特提出疑問後約150年，到了西元1804年，研究發現，植物的成長，會吸收空氣中的二氧化碳（CO_2）。

發現植物將吸收的CO_2轉換成「澱粉」，是在西元1862年。

答案 甲

4　植物經由光合作用製造養分

問題　炎炎夏日，把一個用鋁箔包覆的紙箱，蓋在生長茂盛的草叢上，不使陽光進入紙箱，經過三週，紙箱內空氣流通，但是無法接受日照，請問裡面的草會有什麼變化呢？

甲 所有的草都枯萎
乙 不至於枯萎，但也不成長
丙 仍有少量成長

「綠色植物」主要是靠著葉中的「葉綠體」（含有葉綠素的顆粒），利用光能將二氧化碳與水轉換為碳水化合物（糖、澱粉），這個過程會產生氧氣。這一連串的過程，稱為「光合作用」。

光合作用就是植物利用光能，將水與二氧化碳轉換為有機物與氧氣的反應。可以說，植物藉由光合作用，將光能保存在有機物中。

在地球生物中，只有綠色植物能夠以無機物製造有機物。

沒有陽光照射，綠色植物即無法進行光合作用，當植物原本儲存的養分用完，便會枯萎。

答案 甲

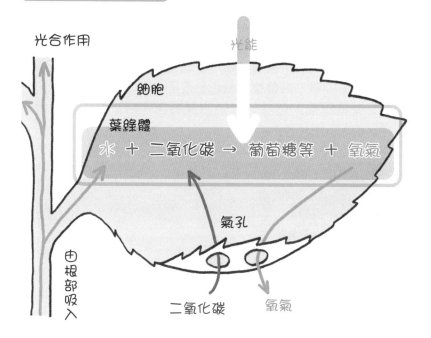

圖 光合作用的機制

光合作用

光能

細胞

葉綠體

水 ＋ 二氧化碳 → 葡萄糖等 ＋ 氧氣

氣孔

由根部吸入

二氧化碳 氧氣

植物只要喝水、曬太陽、呼吸
就能過日子，真是太幸福了～

聽起來是挺幸福
的⋯但實際上
呢？

如果換成是你⋯⋯

哇啊

咕嚕

肚子好餓啊！不能動
真是太慘了！

問題 有些植物不是綠色，例如紫蘇是紅紫色，海帶是黑色。不是綠色的植物，具有葉綠素嗎？

甲　沒有葉綠素，但有其他可以取代葉綠素的物質。

乙　有葉綠素，只是被其他色素蓋過。

丙　有葉綠素，只是與其他物質結合，所以並不呈現綠色。

紫蘇

海帶

　　葉綠體是植物細胞裡的粒子，含有光合作用色素，是製造葡萄糖、形成澱粉的光合作用工廠。葉綠體中的光合作用色素呈現綠色，這種色素稱為「葉綠素」（Chlorophyll）。

　　葉子之所以呈現綠色，就是因為裡面含有許多葉綠體，葉綠體中含有葉綠素。太陽會發出紅橙黃綠藍靛紫的七色光，葉綠素主要吸收其中的紅光與藍光，以這些光能進行光合作用。由於葉綠素不會吸收紅光與藍光之間的綠光，因此綠光照到葉就會被反射，反射的綠光進入我們的眼睛，所以看起來是綠色。

　　紫蘇與海帶也有葉綠素。把酒精（乙醇）加熱到40~50℃，把植物放進去，如果植物含有葉綠素，就會慢慢溶解到酒精裡，使酒精變成綠色。

答案　乙

為什麼葉子會變成紅或黃色？

　　有些植物的葉子在秋天會變成紅色或黃色，例如楓紅。但葉變紅跟變黃，在機制上有些不同。

　　楓樹、山茱萸等植物，到了秋天氣溫降低，葉就會轉為漂亮的紅色。這是因為葉細胞內的葉綠素被分解，所以綠色會消失。同時樹木對葉供應的水分減少，而且篩管（參考第36頁）會截斷，葉製造的葡萄糖就不能送給根與莖。葡萄糖累積在葉中，就會生成紅色素（Anthocyanin 花青素）。

　　銀杏等植物的黃葉，則是因為葉綠素分解，不再翠綠，但並不會形成花青素。葉綠素的綠色消失，使得葉中原有的黃色素（類胡蘿蔔素）顯現出來，於是看起來變成黃色。

楓葉變成紅色

銀杏葉變成黃色

光合作用的條件

　　以下是植物的光合成量（糖或澱粉的合成量）與環境因素的關係。

- **光的因素**…………………光線愈強，光合作用愈活躍，但有一定限度。
- **二氧化碳的因素**………濃度愈高，光合作用愈活躍，但有一定限度。
- **溫度的因素**……………光合作用在某個溫度下最活躍。溫度過高過低，光合作用都會減緩。

光合作用製造葡萄糖與澱粉

　　綠色植物進行光合作用的直接產物之一，就是葡萄糖（Glucose）。多個葡萄糖分子連接起來，就會變成澱粉（稱為同化澱粉）。

圖　葡萄糖與澱粉的分子示意圖

澱粉分子

澱粉由許多葡萄糖分子連接而成。

● 代表單一葡萄糖分子。

　　另外，綠色植物進行光合作用所製造的碳水化合物（葡萄糖、澱粉等），加上土壤中的微量肥料（氮、磷等），植物以這些材料合成蛋白質及脂肪等。

光合作用生物改變了地球環境！

　　最早誕生於地球上的生物，並不會製造葡萄糖等有機物。如果地球上都是不會製造有機物的生物，所有的有機物遲早會被吃光，其他生物也會跟著滅亡。

　　由於地球上出現了新的生物，可利用太陽光能，以及地球上豐富的水與二氧化碳，製造出有機物，使得地球成為生物多樣性的富饒星球。

　　由這些生物會吸收二氧化碳，釋放氧氣，因此大大轉變了地球大氣的組成。

　　原始的地球的大氣組成，大部分是二氧化碳、氮氣、水蒸氣。不過進行光合作用的生物，會將大氣中的二氧化碳轉換成有機物，並將部分有機物保存在地底，成為化石燃料。如此一來，大氣中的二氧化碳含量大幅減少。

　　而光合作用生物所產生的氧氣不斷增加，最後使氧氣約佔大氣總量的21%。

由於光合作用生物所產生的氧氣，在大氣中不斷增加，其中一部分到高空形成了臭氧，所以地球才變成多種生物生活的星球

　　植物體可分為「製造營養的葉」與「消耗或儲存營養的根莖」。。雖然綠色的莖與果實也會進行光合作用，但是產生的養分不多，幾乎所有光合作用都由葉進行。葉是植物製造營養的「生產器官」，除了葉子的其他部位都是「消費器官」。

　　大多數植物的莖都會努力長高，並長出葉，葉愈多、分散愈廣。因為葉愈多，可以吸收到愈多光能。

　　根的功能則是從土壤裡吸收水分與養分（氮等無機物），以及支撐植物的莖。

圖　植物體的基本構造

6 「向光性競爭」與生長型態

所有植物都搶著長出綠葉，進行光合作用，但每種植物的構造各有不同。以莖與葉的生長方式，可以分成許多不同種類，稱為葉的「生長型態」。

例如，翠菊的葉是「直立型」，蒲公英是「放射型」，白花苜蓿是「匍匐型」，早熟禾是「叢型」，虎葛是「藤蔓型」。

蒲公英是放射型植物。從正上方觀察蒲公英的葉，可見呈現平面輻射狀展開的葉，優點是「可在沒有遮蔽物的環境下，接收最多光能」。且由於地面溫度比氣溫稍高，寒冬時能夠將葉伸展到離地面比較近的地方，這點也有利於生長。

但放射型葉的植物，由於伸展至地面的葉，可能遭到其他植物包圍而無法獲得日照。一旦放射型植物被其他植物包圍，有時會將葉豎起，以獲得較多光線，但是如果被比較高的植物包圍，照射不到光線，最終還是會枯萎。

所以放射型植物通常生長在動物行經的空曠地方。由於放射型植物的莖較短，即使受到踩踏，莖也不會斷裂。就算葉損傷，但只要莖還挺立，便能再長出新葉。直立型植物便無法如此，若莖斷裂便會枯萎。

不擅長「向光性競爭」的放射型植物，利用莖不易折斷的特徵，可以在較高植物無法存活的環境中生活。

　　盛夏之際，常可看到葛伸長著莖，攀爬電線杆及圍牆、鐵網，看起來就像英國童話故事《傑克與豌豆》中直攀上天的魔豆。葛屬豆科。

　　葛在春末發芽，莖就開始纏繞著高大樹木，以擴展葉。雖然不具有支撐自己的強壯莖幹，卻能爬得比直立型植物還高，因此葛的向光性競爭力很強。

　　在葉到達光照處之前，葛必須不斷伸長莖，此時，葛利用的是前一年儲存在根的養分。

　　葛在夏天努力進行光合作用，儲存大量營養在葛根裡，秋天就開出紫紅色的花，結出種子，地表部分在冬天就會枯萎。

　　以前，每到冬天，日本人會挖出葛根搗碎，過水數次以製造「葛粉」。現今雖然仍會製造葛粉，但是因為手續繁複而價格不菲，因此，一般販售的「葛粉麻糬」使用的材料並非葛粉，而是地瓜或小麥的澱粉。

圖　植物各種葉的型態

直立型

翠菊

放射型

蒲公英

匍匐型

白詰草

草本型

早熟禾

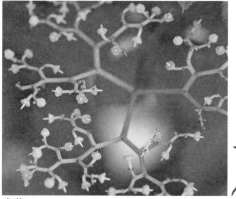

虎葛

藤蔓型

●片栗的生長方式

　　生長在日本本州地區中部以北的片栗（又稱豬牙花）屬百合科，在麻櫟及枹櫟等落葉樹林中自然生長。在樹木尚未完全擴展樹葉的早春，片栗已伸長莖葉，開出美麗的紅紫花。接著，在樹木開始擴展樹葉的初夏，片栗的地上部分卻開始枯萎，只留地底的根莖與種子，靜靜地度過一年。

　　因為這樣的生活方式，片栗又稱為「Spring ephemeral」，意指蜉蝣般生命有如曇花一現的生物，所以片栗英文的意思是「春之精靈」。

　　然而蒲公英、向日葵等植物，都選擇在夏天的艷陽下生長，製造大量養分，為什麼片栗不這麼做？

　　這是因為片栗的地上部分只有約20公分，為了在高聳且茂密的樹林間求生，一定要在樹木長出葉之前，先儲存養分並留下後代。

　　因此，片栗必須在短短1～2個月內，開花、結果並為來年做好準備，又因為能夠進行光合作用的時間有限，所以片栗費時8年才能從發芽到開花。

片栗必須在早春短短1～2個月之間，趁高聳樹木的葉子還未長出之前開花、結果。

真是太苦命了～

樹與草有何不同？

> **問題 1** 下面的水果，請區分是草或樹。
> ①柿子　②香蕉　③鳳梨
>
> **問題 2** 請選出符合樹的描述，可複選。
> 甲　壽命長達數十年～數百年。
> 乙　壽命短，只有1年～數年。
> 丙　構成的細胞幾乎都活著。
> 丁　構成的細胞大多已死亡。
> 戊　入冬後，地上部分會枯萎。
> 已　入冬後，地上部分仍不會枯萎。

　　一般而言，「草」的成長快速，「樹」的成長緩慢。原因在於草的成長只需要柔軟的根莖，相對地，樹則需要堅固的根莖。

　　而且，大部份的草在入冬後，會讓地面上的葉與莖等部分全部枯萎，但樹的地上部分不會枯萎。雖然樹會落葉，但仍留下莖幹。

　　草依生存時間分成一年生、二年生及多年生，但是有很多介於樹與草之間的植物，例如「竹」。

問題 1 答案 樹為①，草為②與③

問題 2 答案 甲、丁、已

春日時分，空地上有許多樹與草的種子發芽。樹與草都吸收陽光以進行光合作用。

草製造的養分讓莖長得更高，而樹的養分則讓根莖長得堅固又粗壯。

結果，草長得比樹快又高，在向光性競爭中贏過樹，一眼望去，空地已成為草的地盤。

無法獲得光照的樹多半會枯死。不過，若有存活的樹，每年都可以迎接春天。

每年，草的生長都由種子或地下莖伸出地表開始。但是，樹則都能夠由比草還高的位置開始。樹每年都一點一點地長高長大，最終追過草而贏得向光性競爭的勝利。所以，即使一開始是長滿草的空地，只要人們不插手，最後還是會變成樹林。

當然，樹林裡也有矮樹叢的草，但種類與草原的草完全不同。

在多雨的日本，只要經過數十年，空地便會長成樹林。因此可見，維持高爾夫球場的草地是相當困難的。

此外，由於高爾夫球場及足球場的草地，屬於禾本科的多年生草本植物，生長迅速，因此必須定期割草整理，以維持草地平整的狀態。

7　葉的構造

　　葉具有光合作用與蒸散水分等功用。葉的上表皮分布許多葉綠體，下表皮則布滿「氣孔」。有些植物的氣孔會分布在葉的上表皮，例如葉子與水面接觸的水蓮。

　　氣孔是水與空氣進出的小孔，由兩個「保衛細胞」構成，保衛細胞依細胞內部的水壓變化而開關氣孔。氣孔將水分排出的動作，稱為「蒸散」，蒸散時植物體內的水分會減少，此時由根吸收的水分與養分則增加。

　　氣孔除了是水蒸氣的出入口，也是二氧化碳及氧氣等的出入口。

圖　氣孔的開關

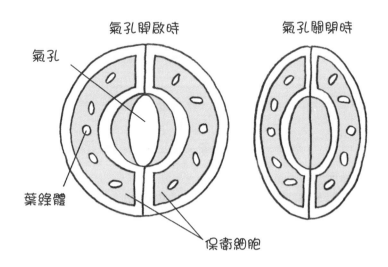

氣孔開啟時　　　　　氣孔關閉時

氣孔

葉綠體

保衛細胞

氣孔通常在夜晚關閉，白天開啟，但許多在乾燥地帶生活的植物是白天關閉而夜晚開啟，例如仙人掌。

8　光合作用與呼吸

　　生物需要能量才能生存。為了獲得食物、躲避敵人、成長，能量是不可欠缺的。製造生存所需能量的方式即為「呼吸」，分為「有氧呼吸」與「無氧呼吸」。

> **問題 1** 請選出正確的描述：
> 甲 植物在白天及晚上都在呼吸。
> 乙 植物只在晚上呼吸。
> 丙 植物即使不呼吸也能生存。

圖　光合作用、呼吸與物質變化

光合作用　　水 ＋ 二氧化碳 ＋ 光能
　　　　　　　　　　　↓
　　　　碳水化合物（葡萄糖、澱粉） ＋ 氧氣

呼吸　　碳水化合物（葡萄糖、澱粉） ＋ 氧氣
　　　　　　　　　↓
　　　水 ＋ 二氧化碳 ＋ 生命活動的能量

注意氣體（二氧化碳與氧氣）的進出變化

答案 甲

　　下圖中可見，植物在無法接收光線照射時，只進行呼吸，意即自空氣中攝取氧氣，再將二氧化碳排入空氣。當植物照射到光線時，便同時進行呼吸與光合作用。

　　由於強烈光線照射下的光合作用旺盛，植物吸收的二氧化碳比呼吸排出的二氧化碳多。呼吸排放的二氧化碳不敷光合作用使用時，植物會由空氣中吸收。

　　進行旺盛光合作用所排放的氧氣，比呼吸使用的多，使得多餘的氧氣進入空氣中。

　　因此，光線照射時，植物仍持續呼吸運動，「利用氧氣分解養分，以獲得生命活動所需能量」。

圖 光合作用中，二氧化碳吸收量及排放量

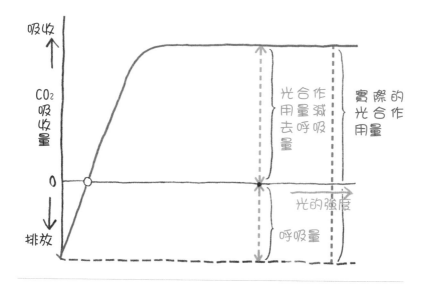

莖是支撐植物的地上部分，具有運送根吸收無機物質的「導管」，與運送葉產生有機物的「篩管」，兩者合稱為「維管束」。維管束通往根、莖、葉。

圖　植物莖的構造──維管束

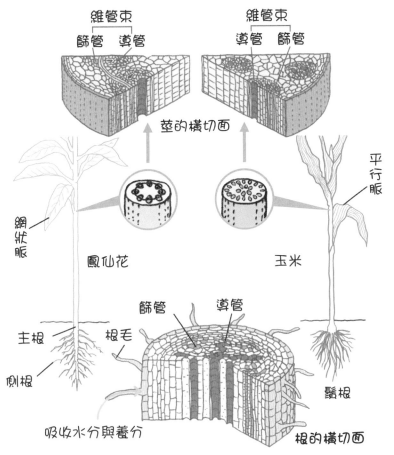

鳳仙花是雙子葉植物，維管束朝著莖的中心排成環狀；玉米是單子葉植物，維管束呈分散狀。但兩者根的內部構造幾乎相同。

樹的構成細胞大多為死細胞？

　　觀察樹幹的橫切面，運送葉所製造養分的篩管靠近樹皮。篩管內側為「形成層」，是指細胞分裂並形成新細胞的組織。細胞分裂後，內側的細胞死亡，細胞壁會堆積「木質素」（Lignin）而變硬。死後變硬的細胞集合為「心材」。樹幹絕大多數都是死細胞，活細胞很少，因此不需要養分與氧氣。

　　寒冬之際，植物無法充分進行光合作用，樹幹中的活細胞因為受到死細胞的保護，可以度過寒冬，等待春天的到來。

圖　樹幹的橫切面圖

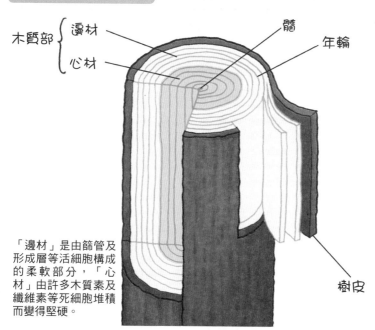

「邊材」是由篩管及形成層等活細胞構成的柔軟部分，「心材」由許多木質素及纖維素等死細胞堆積而變得堅硬。

10 根的構造與作用

　　根除了支撐植物，還有自根毛吸收水分與無機物的作用。根有時亦蓄積養分，而養分通常是以不溶於水的澱粉形式儲存。蒲公英等多年生草本植物，即使莖遭到踩踏或割除，由於具有儲存在根部的養分，便能重新快速成長。

圖　植物根的構造

主根、側根與鬚根

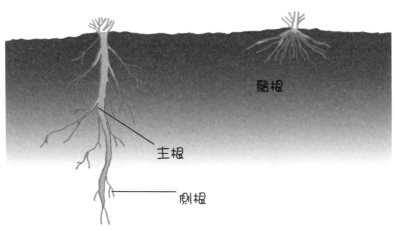

鬚根

主根

側根

「主根+側根」是中間的一條粗根及其分生的許多細根，「鬚根」是由植物基部延伸的許多細根。

　　植物的重要養分為氮、磷酸與鉀，稱為「肥料三要素」，肥料可補充土壤中容易缺乏的植物養分。

11　花與果實（種子）的構造與作用

問題 下列植物會結果（具有種子）嗎？

①鬱金香

②馬鈴薯

③結縷草（草坪植物）

④柳杉

「花」是「種子植物」（產生種子的植物）的生殖器官，也就是繁衍子孫的器官。

一般而言，花的中心為「雌蕊」，旁邊圍繞「雄蕊」、「花瓣」、「萼片」（參照下一頁的圖）。雌蕊的頂端稱為「柱頭」膨脹的底端稱為「子房」。

子房內部有許多小顆粒，稱為「胚珠」。雄蕊頂端有叫做「花藥」的小袋，花粉在其中製造、保存。

種子植物的花一定具備雌蕊與雄蕊，或是雌花與雄花，以及胚珠，這是因為必須擁有雌蕊與雄蕊才能產生種子。

花謝便會結果。鬱金香、馬鈴薯、結縷草及柳杉都會結果。

答案 全部都會結果。

　　種子植物之中，子房包覆住胚珠，且種子在果實中產生的植物稱為「被子植物」，例如油菜花及豌豆。

　　相對地，胚珠未受子房包覆而裸露在外的植物，稱為「裸子植物」，例如松柏、銀杏、柳杉、蘇鐵等。裸子植物的花沒有花瓣與萼片，雌花及雄花會分開綻放。

被子植物與裸子植物的比較圖

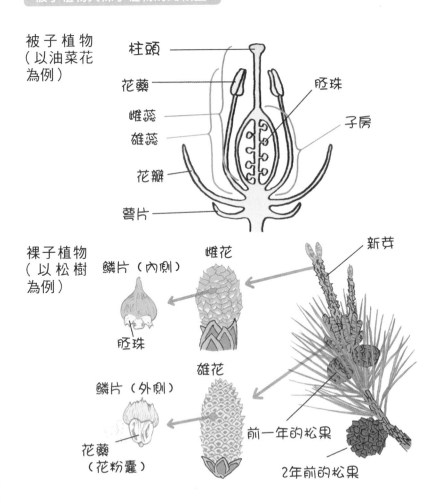

被子植物
（以油菜花為例）

柱頭
花藥
雌蕊
雄蕊
花瓣
萼片
胚珠
子房

裸子植物
（以松樹為例）

雌花
鱗片（內側）
胚珠

新芽

雄花
鱗片（外側）
花藥
（花粉囊）

前一年的松果

2年前的松果

● 被子植物的花與果實（種子）

　　原則上，被子植物開花後，雌蕊底端的子房會形成果實，子房內的胚珠形成種子。不過被子植物除了子房以外，其他部分也跟著變成果實。

圖　豌豆的花與果實

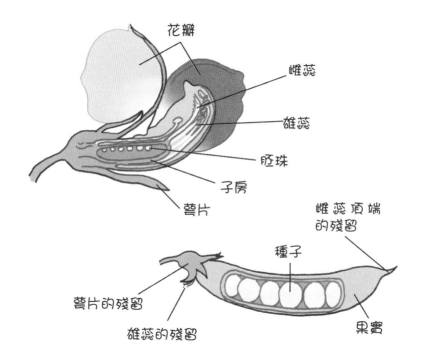

● 裸子植物的花與種子

　　雌花沒有包覆胚珠的子房，無法結成果實，只會產生種子。

鬱金香以球根種植，雌蕊的子房會在開花後結果，果實裡面有種子。

以塊莖繁衍的馬鈴薯又是如何呢？由於人們挑選結實纍纍的馬鈴薯種植，導致大部份的馬鈴薯都只開花，而難以結果（種子）。不過，仔細查看馬鈴薯田，偶爾還是可以找到如同迷你蕃茄的馬鈴薯果實。

因此，無論是以球根種植的鬱金香，還是以塊莖種植的馬鈴薯，原本都會開花並利用種子繁衍後代。花是負責產生種子並繁衍的器官，也就是植物的生殖器官。

果實裡有花的遺跡

花謝後產生的果實，裡面看得到花的殘留。注意豌豆的果實（參照前一頁的圖），可以看到果實頂端有雌蕊的殘留，底部則有雄蕊與萼片的殘留。果實是膨脹的子房，子房中的種子由胚珠形成。

蘋果中心凹陷的部份，有萼片與雄蕊的殘留。不過，我們所吃的果肉並不是子房，蘋果的芯才是子房。

剝皮前的玉米附著許多玉米鬚，仔細看可以發現玉米鬚與一顆顆種子連接，其實玉米鬚是雌蕊柱頭的遺跡。

授粉與受精

　　雄蕊花藥產生的花粉，到達雌蕊頂端的柱頭，這是花產生種子的第一步。花粉附著柱頭稱為「授粉」。經由昆蟲搬運或風吹等方式，抵達雌蕊柱頭的花粉，會在雌蕊中伸出花粉管，向胚珠前進。

　　藉由昆蟲搬運花粉的花，稱為「蟲媒花」，為了爭取昆蟲注意，蟲媒花的花瓣碩大鮮豔，有些蟲媒花還會散發香味並製造花蜜，以吸引昆蟲靠近。殼斗科的樹（例如結出橡果的樹）及禾本科的植物，花粉經由風吹搬運，稱為「風媒花」，這些植物的花不需要昆蟲協助，所以花朵沒有花瓣，很不顯眼。

圖　花粉管與受精

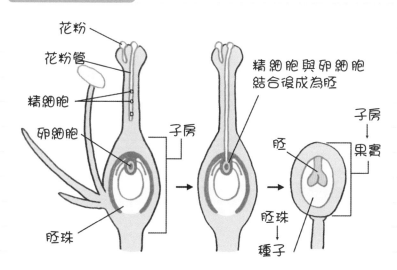

第2章

植物的種類與歷史

生物在距今約5億年前開始登上陸地生活。在此之前，生物只在海中生活，陸地是沒有生物的荒涼世界。這個章節探討「由水中往陸地」的植物演化，並學習植物的種類與歷史。

1 藻類～在水中生活的植物

以前在原始地球海洋中生活的植物，據推測與現在的「藻類」同類。

一開始只有單顆細胞的微小藻類，後來出現許多細胞聚集而成的藻類，體型越來越大。

現今，海水中有昆布及海帶芽等，池塘及河川裡有珪藻及水綿等藻類植物。

圖　藻類的植物

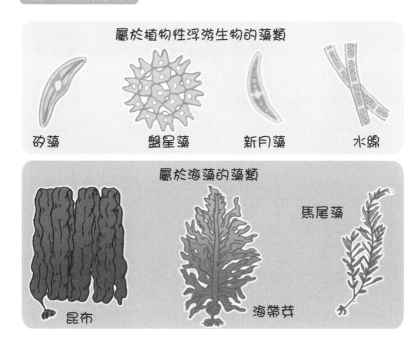

屬於植物性浮游生物的藻類

矽藻　　　盤星藻　　　新月藻　　　水綿

屬於海藻的藻類

馬尾藻

昆布　　　　　海帶芽

2　藻類的特徵

　　不只有綠色的「綠藻」，還有褐色、紅色等各種顏色的藻類。每種藻類都含有葉綠素，可以透過光合作用自行製造養分。因此，海中的藻類，必須在有光線的地方才能存活。

　　藻類沒有根莖葉的區分，整體都可進行光合作用，並吸收水分與養分。

　　海藻類具有形狀類似根的「假根」，不過目的只是為了固定在岩石上，並不會吸收水分與無機養分。

3　苔蘚植物

　　古生代（5億5千萬年～2億5千萬年前）初期，水中的藻類向陸地前進，其中，類似現今苔蘚[※1]的植物登上陸地。

　　首次登陸的植物化石為庫氏裸蕨[※2]。庫氏裸蕨的構造簡單，前端分成雙股，最前端具有「孢子囊」。

　　具代表性的苔蘚植物為地錢與檜葉金髮蘚。

※1：有一學說認為苔蘚植物是由蕨類退化而來。
※2：雖然庫氏裸蕨與苔蘚不同，但是因為沒有蕨類所具有的維管束，因此只能算是「蕨類的祖先」。

　　圖　苔蘚植物的例子

檜葉金髮蘚

地錢

仔細觀察苔蘚類，會發現各種形態喔！

苔蘚植物的構造

　　苔蘚植物沒有根莖葉的區別。苔蘚植物及部分藻類具有假根，藻類的假根只是固定用的，苔蘚植物的假根幾乎不具吸收水分的功用，是以固定為主，與蕨類或種子植物的根不同。

　　苔蘚植物具有雄株與雌株，經由孢子繁衍。

　　精子必須在水中移動，才能到達卵子，所以水是苔蘚植物繁衍的要角。因此，苔蘚植物大多在潮溼的地方生長。

4 蕨類植物

　　蕨類是真正適應陸地生活的植物。在我們生活週遭有許多蕨類植物，例如可以做為山珍食用的蕨菜、過溝菜蕨、鴕蕨及問荊（孢子型態為筆頭菜），以及日本新年裝飾用的裏白等。

　　蕨類植物有根莖葉的區分。一般而言，蕨類的莖是地下莖，根自地下莖長出。蕨類具有維管束，輸送水分及光合作用製造的養分。

圖　各式各樣的蕨類植物

（筆頭菜）

瓦葦

過溝菜蕨
（過貓）

問荊

原來筆頭菜跟過貓一樣是蕨類植物啊！這兩種都很好吃吧！

對食物的反應特別熱烈……

　　蹄蓋蕨的葉子下表皮布滿孢子囊，製造許多孢子，成熟時飄散。落地的孢子發芽，長成數公釐的心形「原葉體」。

　　原葉體受精時，精子必須有水才能游過去與卵子結合。

圖　蕨類的生活史

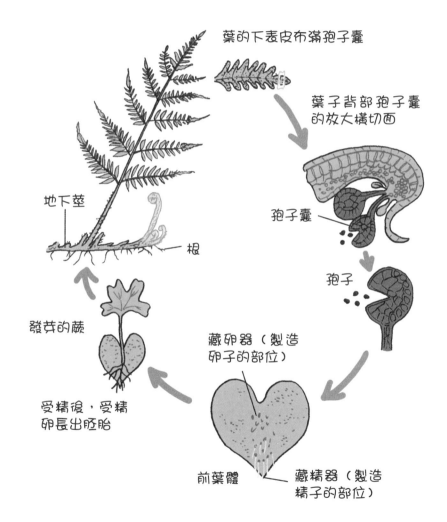

葉的下表皮布滿孢子囊

葉子背部孢子囊的放大橫切面

地下莖

根

孢子囊

孢子

發芽的蕨

藏卵器（製造卵子的部位）

受精後，受精卵長出胚胎

前葉體

藏精器（製造精子的部位）

5　種子植物

　　種子植物的維管束完整，能夠運輸葉製造的養分與根吸收的無機養分。耐得住乾燥，花粉不需要水即能受精。

　　地球上最早產生種子的植物是裸子植物。現存的裸子植物除了松柏，還有銀杏、柳杉及蘇鐵等。裸子植物的胚珠裸露在外，因此比被子植物較易受到氣溫、濕度等外在因素的影響。

　　被子植物的胚珠由子房包覆，因此較不受外界影響，種子在果實中產生。發芽後展開2枚子葉的稱為雙子葉植物，例如牽牛花；1枚子葉的稱為單子葉植物，例如稻。

 圖　雙子葉與單子葉植物

雙子葉
（2枚子葉）

單子葉
（1枚子葉）

以孢子繁衍的真菌～黴菌與蕈類

　　「真菌」由於與活躍的動物明顯不同，因而曾經分類在植物界。由於真菌不具葉綠體，為寄生生物，在生物學的分類中與植物有分別。

　　一般來說，真菌生物以孢子繁衍。蕨類及苔蘚植物的孢子囊會產生孢子，真菌則大多在表面產生孢子。孢子發芽後會長出「菌絲」，不斷伸長。

　　黴菌與蕈類雖然看似完全不同，但兩者皆由菌絲形成，差別只在於製造孢子時有無產生蕈（稱為子實體）。蕈類未產生子實體的時候，如同黴菌一般，呈現網狀的菌絲。

　　屬於真菌的黴菌，遍布地球上的每個角落，空氣中也飄散許多黴菌孢子。不過菌絲細到人類肉眼無法辨識，所以當我們發現黴菌時，表示看到的是菌絲前端所產生的孢子，因為孢子有顏色。

　　黴菌孢子通常有毒，可能導致中毒症狀。然而，也有對人類有用的黴菌，例如青黴。我們利用青黴孢子產生的毒素，製造抗生素—盤尼西林。此外，黴菌廣泛運用在食品製造的領域，例如，使用青黴製成的起司，使用麴菌製成的味噌、醬油及清酒等。

　　真菌對自然界很重要，扮演將有機物分解成無機物的「分解者」。

植物的分類如下：

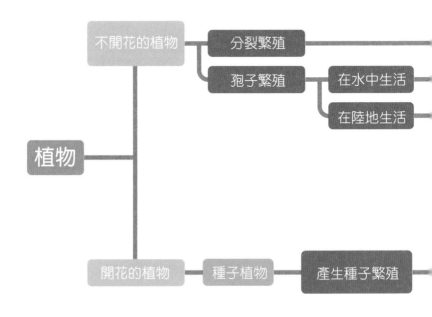

植物有好多種類啊～

一開始先分為開花或不開花。

小型藻類

大型藻類

無根莖葉之區分 ── 苔蘚植物

有根莖葉之區分 ── 蕨類植物

子房無包覆胚珠 ── 裸子植物

子房有包覆胚珠 ── 被子植物

1枚子葉，平行葉脈 ── 單子葉

2枚子葉，網狀葉脈 ── 雙子葉

第3章

動物的生活與身體構造

植物能夠用水與二氧化碳等，製造有機物（糖及蛋白質等養分），動物卻不行，因此必須捕食其他生物才能存活。這個章節我們要來學習動物的生活及身體構造。

問題 以下動物如何分類？參考右表思考看看。

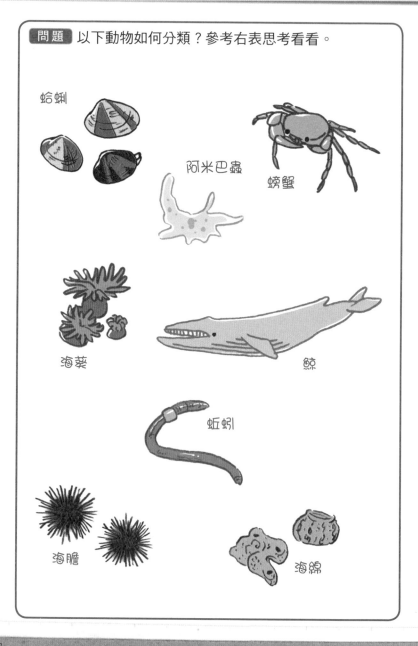

蛤蜊

螃蟹

阿米巴蟲

海葵

鯨

蚯蚓

海膽

海綿

表 動物的分類

門	食物攝取方式與消化管（以及身體特徵）			動物的例子
原生動物		沒有口腔及肛門 食物由表面進出		草履蟲、阿米巴蟲
海綿動物		具有連海水一起吸入食物的洞，以及將體內海水排出的洞		海綿
刺絲胞動物	口腔	有口，身體形狀為方便消化的袋狀		水母、珊瑚
環節動物	口腔 肛門	口及肛門由食物通道（消化道）連接		沙蠶、蚯蚓
軟體動物	口腔 肛門	消化管分為胃及腸等	身體柔軟	烏賊、蛤蜊
棘皮動物	肛門 口腔		大部份棘皮動物的身體表面具有尖刺	海星、海膽
節肢動物		胃與腸為複雜的構造	骨骼在體外	螞蟻、螃蟹
脊索動物			骨骼在體內	狗、烏龜、鯨、人類

答案 蛤蜊→軟體動物 阿米巴蟲→原生動物 螃蟹→節肢動物 海葵→刺絲胞動物 鯨→脊索動物 蚯蚓→環節動物 海膽→棘皮動物 海綿→海綿動物

2　肉食動物的生活型態及身體構造

　　肉食動物以捕食其他動物維生。以獅子為例，思考肉食動物的生活。

問題 關於「萬獸之王」獅子，請由下列選出正確的答案。

a　狩獵的成功率為多少？
　　20%
　　40%
　　60%
　　80%
b　幼獅的死亡率為多少？
　　20%
　　40%
　　60%
　　80%

　　動物園裡的獅子通常整天都悠閒地臥躺著，看起來十分愜意。那麼，野生獅子的生活又是如何呢？

　　野生獅子在狩獵時會消耗大量體力。由於獵物是牛羚與斑馬等逃得很快的大型動物，無法輕易捕捉，所以野生獅子在狩獵以外的時間，都會儘量休息。

照片　正在草原休息的獅子

照片　幼獅

答案

a　20%

b　80%

獅子的狩獵

　　貓科之中的動物，只有獅子會成群生活。虎與豹等其他貓科動物通常都單獨狩獵、生活。獅群由數頭至十數頭的公獅、母獅與幼獅組成，負責狩獵的是母獅。狩獵活動在天黑後開始，數頭母獅結成隊伍出發獵食。

　　假設現在母獅們看到成群的牛羚。5頭母獅分成2頭及3頭的兩個隊伍，2頭母獅闖入牛羚群中突擊，讓原本正在休息的牛羚陷入混亂，埋伏的3頭母獅則負責捕獲慌亂的牛羚。

　　捕獲的獵物由公獅、母獅及幼獅一同食用。但是若母獅咬住獵物不放，公獅便會把母獅趕開。母獅及幼獅只能等到公獅吃飽才能開動。

　　驚人的是，這樣獵食的成功率竟然只有約20%，而且，並非隨時都能遇到獵物，有記錄顯示，長達2週獅群都無法捕獲獵物。因此，地位最低的幼獅，大多會死於飢餓或疾病。調查報告指出，2歲以前的幼獅死亡率高達80%。

●公獅也不輕鬆!?

　　幼獅由獅群一同照料。其中，公獅在3歲時便會被趕出獅群，脫離原來獅群的年輕公獅，會組成只有公獅的獅群。

　　由於獵食不成功便會餓死，對於缺乏經驗的年輕公獅來說，集體生活極為嚴峻。若能勉強存活、長大，公獅會接近有母獅的獅群，挑戰掌權的公獅，企圖「篡奪」整個獅群。

　　若掌權的公獅年老衰弱，「篡奪」行動便可能成功；反之，若原來的公獅強壯有力，這樣的挑戰便伴隨死亡的風險。

　　人類的2隻眼睛都朝向前方，位於同一平面上，兔子、鹿及斑馬的眼睛則在臉的兩側。眼睛位置會影響視線範圍，兔子、鹿等能夠看到背後，人類則不行。

　　同時使用雙眼觀看，稱為「雙眼視覺」。人類與獅子的雙眼都朝向前方，所以雙眼視覺範圍寬廣；鹿與斑馬的雙眼視覺範圍較為狹窄。藉由雙眼視覺，能夠正確掌握與所視物體之間的距離，單眼則不行。請你試著遮住單眼玩傳接球的遊戲，看看結果如何。

照片 獅子的眼睛位置

視野

雙眼視覺的範圍

照片 斑馬的眼睛位置

視野

雙眼視覺的範圍

　　獅子悄悄靠近獵物時，會弓起背部並壓低身子等候，等時機成熟再跳向獵物，此時獅子的速度可接近時速80公里。

　　獅子追到斑馬時，前腳迸出銳利的爪子勾住斑馬，並運用全身肌肉的力量拉倒斑馬，接著咬住斑馬喉嚨，以銳利的牙齒切斷脖子神經，壓碎氣管，使斑馬窒息。

　　獅子的牙齒如同刀鋒銳利，非常適合撕裂、切割肉。獅子支撐牙齒的下顎骨亦相當厚實。由動物的牙齒即可判斷是肉食性還是草食性動物。

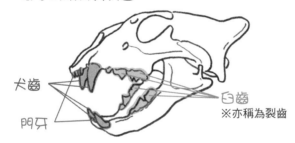

獅子的頭骨與牙齒

犬齒　　　　　　　　　　臼齒
門牙　　　　　　　　　　※亦稱為裂齒

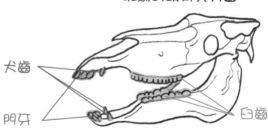

斑馬的頭骨與牙齒

犬齒
門牙　　　　　　　　　　臼齒

3　草食動物的生活型態與身體構造

　　牛羚與牛等，都是草食動物。在非洲大草原上，數十～數百頭的牛羚成群生活，應該很多人在電視上看過成群的牛羚渡河吧。

　　那麼，為何牛羚不斷進行大遷徙呢？

　　非洲草原分為旱季與雨季，旱季時節，牛羚賴以維生的禾本科青草枯萎，因此，成群的牛羚不得不移動至有草的區域。

　　生活在非洲東部坦尚尼亞的牛羚，據知一年的移動距離長達2000公里，相當於縱貫日本北海道至九州的距離，而台灣全長僅400公里，可見牛羚的旅途多麼漫長。

照片　與牛同類的牛羚群

問題 請選出符合牛羚的描述。

a　牛羚每胎只生一頭小牛羚
b　小牛羚在出生後第10天睜開眼睛
c　牛羚擅長游泳，因此可以輕易渡過湍急的河流
d　牛羚不會遭到鱷魚捕食
e　獅子會跟隨牛羚遷徙動

　　牛羚的生產集中在每年1月至3月之間的三週。小牛羚在出生數分鐘後便會站立，甚至2至3小時後便會奔跑。當然，小牛羚在出生後會立刻睜開眼睛。

　　7月，小牛羚已成長到能夠跟隨成年牛羚遷徙，此時牛羚群便開始逐草遷徙。對牛羚來說，渡過湍急河流並不容易，因此即使到達河邊，也無法立刻渡河。偶爾會有數千、數萬頭牛羚聚集在河邊，直到第一頭牛羚開始渡河，其他牛羚才會一起行動。

答案　a、e

照片　牛羚渡河

問題 請選出符合牛羚的描述。

a 牛羚的蹄分成4趾
b 牛羚與牛同類
c 牛羚全力奔跑的距離比獅子遠得多
d 牛羚也有犬齒
e 牛羚的雙眼視覺範圍比獅子廣得多

　　牛羚與擁有雙蹄的牛，同屬「偶蹄類」。蹄是中大型草食動物腳尖的堅硬指甲，擁有奇數蹄的動物稱為「奇蹄類」，例如馬、獏、犀牛等；偶數蹄的動物稱為「偶蹄類」，例如牛、長頸鹿、鹿、駱駝、山豬等。

答案 b、c

地理、化學、物理、生物，終於讀完了……我好累啊……

累癱

再加把勁

休息片刻吧

　　「爪」的作用是保護柔軟的指尖。哺乳類的爪分成三種：人類的「扁爪」，貓及獅子等肉食動物的「鉤爪」，以及草食動物的「蹄」。

　　扁爪保護抓取物品的指尖；鉤爪具有勾住獵物的固定功能；蹄便於大力踏地，使身體向前大幅移動。大部份的草食動物因為有蹄，才能夠在平地、山上及岩壁等處長時間快速奔跑，保住性命。

照片　貓的腳底

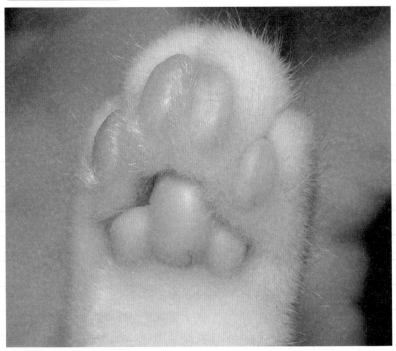

貓的腳底爪收起時只看見柔軟的肉墊。

圖 鉤爪

貓科動物的腳底

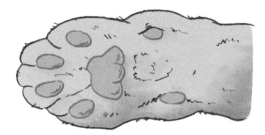

腳底柔軟

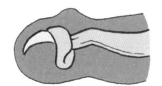 

爪收放自如

喵嗚

真的欸！跟我的手一樣！

真的是貓嗎？

你究竟是什麼動物？

牛與馬的前腿構造

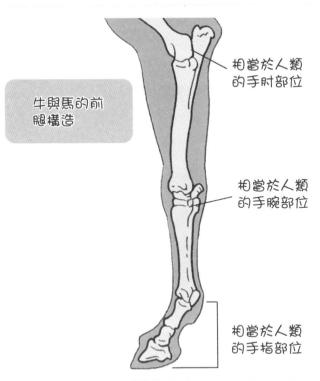

相當於人類的手肘部位

相當於人類的手腕部位

相當於人類的手指部位

4 直立動物的特徵

> **問 題** 據說人類的祖先是樹上的猴子。那麼，猴子的樹上生活具有下列哪些特徵呢？
>
> a 大型頭腦
> b 指紋
> c 雙腳直立步行
> d 抓取物品的手
> e 朝向前方的雙眼

若人類的祖先不是猴子，或許我們便無法牢牢抓取物品，更別說打棒球了。

猴子的手腳皆能抓取物品，所以可以說是擁有「四隻手」的動物。手掌長有指紋，具有止滑的效果。彌猴等爬樹的猴子在樹枝間輕快移動，摘取喜好的成熟果實。

為了在樹枝間迅速移動，除了能夠握緊樹枝的「手」，還必須具備位在臉部正面的雙眼，以正確判斷樹枝之間的距離。另外，狗與貓等大多數的哺乳類動物無法辨識顏色。

答 案 b、d、e

手印

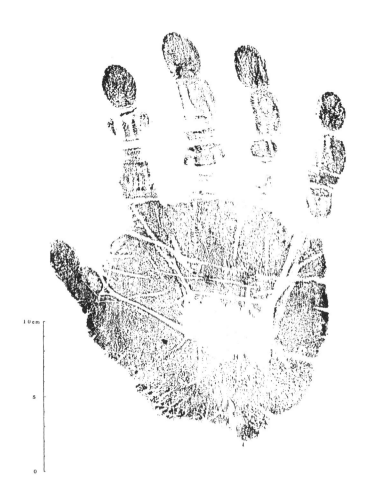

10cm

5

0

腳印

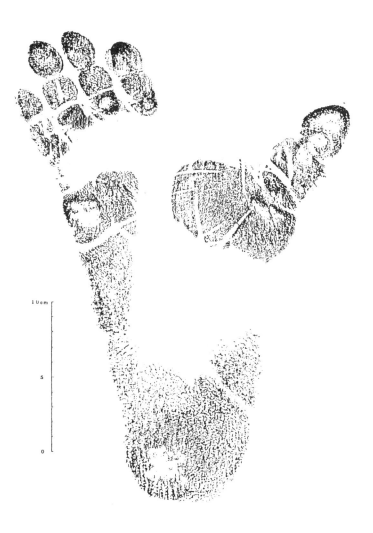

雙腳直立步行與頭腦變大

　　人類相異於其他動物的最大特徵是什麼呢？答案是「大型頭腦」與「雙腳直立步行」。由於直立、雙腳步行，而雙手空出，原始人類可以製造石斧及骨針等工具，使用雙手也會促使頭腦變得更大。

　　學者認為「南方古猿」（Australopithecus）是最早期的人類，腦容量約為500cm³，接著出現的「巧人」（Homo habilis）約650cm³，爪哇人及北京人等「直立人」（Homo erectus）約1,000cm³，最後，據說是我們人類直接祖先的「智人」（Homo sapiens），腦容量約1,500cm³。

深思

大頭與雙腳直立步行……又會運用語言……

難道是來自未來的 貓型 機器人!?

呵呵

戳戳

或許不是吧。

我確定

5 養分的消化與吸收

「蛋白質」、「碳水化合物」、「脂肪」合稱為三大營養素，具有「加熱會燒焦」，以及燃燒會「產生二氧化碳與水」的共通性質。

這些性質代表蛋白質、碳水化合物與脂肪都含有碳原子。以許多碳原子為中心，連結氫、氧及氮等原子的物質稱為「有機物」。包含我們人類在內，所有動物都必須攝取「有機物」才能存活。

如前所述，植物能夠由水及二氧化碳等無機物，產生糖及脂肪等有機物，但是動物無法如此。因此，動物為了生存，必須攝取有機物。有機物的性質如下：

1. 以碳（C）原子為主，連結氫（H）、氧（O）及氮（N）等原子而形成。

2. 加熱會燒焦，燃燒會發出熱或光。

例如，砂糖與洋菜凍加熱會燒焦，但食鹽與鐵不會燒焦。「燒焦」的部份是因為受熱而形成碳原子。

主要的養分

　　生物生活需要能量。為了獲得生命活動所需的能量，生物使用從外部攝取的氧氣，來氧化有機物，此時會產生二氧化碳及水等。

　　這個作用稱為「呼吸」，為了區別在肺部進行的氣體交換，因此又稱為「細胞呼吸」。每個活細胞都為了獲得生命活動的能量而呼吸。下列有機物是呼吸的能量來源及身體組成物質。

①碳水化合物

　　植物使用水及二氧化碳等無機物，進行光合作用，最初產生有機物是「葡萄糖」。許多葡萄糖結合會形成「澱粉」與「纖維素」。澱粉是米飯與麵包等主食成分，纖維素則是樹木與紙張的成分。即使都是由葡萄糖結合而成，但由於結合方式不同，會形成性質不同的物質。

②脂肪

　　植物以光合作用製造的葡萄糖為原料，可合成「油」，例如芝麻油、油菜籽油及橄欖油等。

③蛋白質

　　蛋白質由許多胺基酸連結而成，是細胞的主要成分。數個胺基酸的連結稱為胜肽，數十個胺基酸連結稱為多胜肽。

圖　澱粉、纖維素及脂肪的化學式

澱粉的化學式

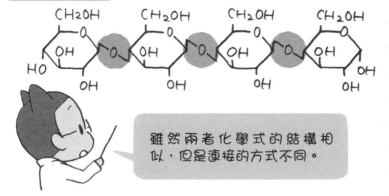

纖維素的化學式

雖然兩者化學式的結構相似，但是連接的方式不同。

脂肪的化學式

$$\begin{array}{c} \text{H} \quad\quad \text{H} \;\; \text{H} \quad\quad \text{H} \\ | \quad\quad\; | \;\; | \quad\quad\; | \\ \text{H-C-O-C-C-C} \cdots \text{C-H} \\ \;\;\;\; \| \;\; | \;\; | \quad\quad\; | \\ \;\;\;\; \text{O} \;\; \text{H} \;\; \text{H} \quad\quad \text{H} \end{array}$$

我的臉上也有脂肪……

問題 請選出正確的描述。

a　雞蛋含有豐富的蛋白質

b　小黃瓜完全不含蛋白質

c　蛋白質分解後變成胺基酸

d　胺基酸有100種

e　胺基酸只由碳（C）、氧（O）及氫（H）三種原子組成

生物體內必定含有蛋白質。無論植物還是動物都含有蛋白質，只是小黃瓜的含量比雞蛋少。

蛋白質經分解可形成約20種胺基酸。地球上所有生物的身體都由這20種胺基酸結合而成。

胺基酸除了碳（C）、氧（O）及氫（H）原子，還具有氮（N）原子。氮原子會以硝酸根離子（NO_3^-）與銨根離子（NH_4^+）等形態，在水中由根吸收。

答案 a、c

表　按照分子量大小排列的 20 種胺基酸

	胺基酸	分子量
1	甘胺酸（Glycine）	75.07
2	丙胺酸（Alanine）	89.09
3	絲胺酸（Serine）	105.09
4	脯胺酸（Proline）	115.13
5	纈胺酸（Valine）	117.15
6	穌胺酸（Threonine）	119.12
7	胱胺酸（Cysteine）	121.16
8	異白胺酸（Isoleucine）	131.17
8	白胺酸（Leucine）	131.17
10	天門冬醯胺（Asparagine）	132.12
11	天門冬胺酸（Aspatic acid）	133.10
12	麩醯胺酸（Glutamine）	146.15
13	賴胺酸（Lysine）	146.19
14	麩胺酸（Glutamic acid）	147.13
15	甲基胺酸（Methionine）	149.21
16	組胺酸（Histidine）	155.15
17	苯丙胺酸（Phenylalanine）	165.19
18	精胺酸（Arginine）	174.20
19	酪胺酸（Tyrosine）	181.19
20	色胺酸（Trytophan）	204.23

人體的消化系統

從口腔到肛門的食物通道，稱為消化道。人體的消化道依口腔、食道、胃、小腸、大腸、肛門的順序，連結成一條長長的管道。唾液腺、肝臟及胰臟等與消化及吸收有關的器官，與消化道合稱為消化系統。

圖　人類的消化系統

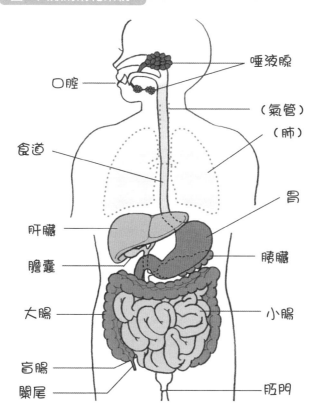

唾液腺

口腔

（氣管）

（肺）

食道

胃

肝臟

胰臟

膽囊

大腸

小腸

盲腸

闌尾

肛門

動物無法直接利用攝入體內的有機物，因此食物必須分解成可溶於水的小分子，才能由消化道進入細胞。澱粉與蛋白質等物質分子過大而無法溶解於水，脂肪（油脂）雖然分子小，但基於「油水不相容」的原理，無法溶解於水。動物體內將這些物質分解成能夠溶解於水的作用即為消化。

　　舉例而言，我們的主食米飯由澱粉組成，而澱粉是由數百～數萬個葡萄糖分子結合而成；肉類的主要成分蛋白質則由數百到數萬個胺基酸分子結合而成。

圖　養分的分解

消化的機制

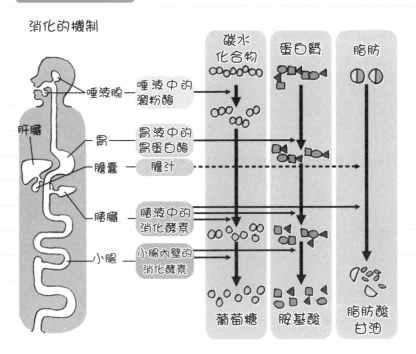

酵素是魔術師？

　　吃進口中的飯之所以變甜，是由於唾液中的澱粉酶消化酵素。如果沒有澱粉酶，無論再怎麼咀嚼，澱粉也不會變成糖（麥芽糖）。在人類體內作用的酵素有數千種，最佳作用溫度均為36～37℃。由於酵素由蛋白質組成，高溫會導致變質。

　　膽囊儲存的「膽汁」雖然不含消化酵素，但具有與肥皂類似的功能（界面活性作用），可將脂肪乳化成微小粒子，分散至水中，使脂肪易於消化。

圖　人體主要消化酵素表

	消化酵素名稱	含有的消化液				消化酵素的作用
		唾液	胃液	胰液	小腸內壁	
澱粉	澱粉酶	●		●		將澱粉分解成麥芽糖
	麥芽糖酶			●	●	將麥芽糖分解成葡萄糖
脂肪	脂肪酶			●		將脂肪分解成脂肪酸及甘油
蛋白質	胃蛋白酶		●			將蛋白質分解成多肽
	胰蛋白酶			●		將蛋白質分解成胜肽及胺基酸等
	胜肽酶				●	將胜肽分解成胺基酸

養分的吸收

消化後形成的葡萄糖與胺基酸，由小腸內壁的絨毛吸收至微血管，再運至肝臟，其中部份儲存於肝臟，或是合成肝醣與脂肪等物質後運往心臟，再由心臟送往全身。

脂肪酸與甘油進入小腸絨毛內的淋巴管，便會結合成脂肪（膽固醇）。脂肪與淋巴液一同流至頸部下方，與血液匯流至心臟，由心臟送往全身。富含養分與氧的鮮紅動脈血，以心臟大動脈為起點，最後流入微血管，到達各個內臟。

圖 吸收養分的路徑

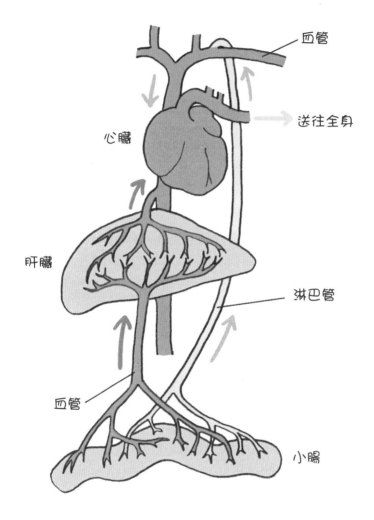

匹管

送往全身

心臟

肝臟

淋巴管

匹管

小腸

葡萄糖、胺基酸

脂肪

葡萄糖、胺基酸、脂肪

吸收養分的用途

攝入細胞的葡萄糖與脂肪等物質以氧分解後，便會產生能量。生物利用這些能量，才能活動及思考。

如此在細胞內部產生能量的方式，稱為細胞呼吸，會產生二氧化碳與水。

攝入細胞的胺基酸，成為製造蛋白質的材料。皮膚、指甲、毛髮及肌肉都是由蛋白質組成。生物體內的酵素與血液等重要物質也是由蛋白質構成。老舊蛋白質分解成氨等廢物。

生物的生存還需要維生素與礦物質。例如，某種蛋白質需要維生素A，才能使視網膜得以感受光線，因此，維生素A不足會導致「夜盲症」，在陰暗處的視力降低。

另外，若鈣與磷等礦物質不足，便無法形成堅固的骨頭與牙齒。

葡萄糖 全身細胞的呼吸作用原料

胺基酸 全身細胞（蛋白質）的製造材料

脂　肪 全身細胞的呼吸作用原料。部分形成皮下脂肪，儲存起來

6　心臟與肺～血液循環

　　「心臟」不停地跳動，將血液送往全身。這個拳頭大小的內臟一天約跳動幾下呢？假設一分鐘跳動80下，一小時4,800下，一天的跳動次數為4,800 × 24 = 115,200下。

　　也就是說，我們的心臟不斷跳動，次數多達一天10萬下，心臟的運作真是令人驚奇。

　　心臟只要停止跳動5分鐘，生命便會終結，這是因為心臟一旦停止，身體所需的養分與氧便無法到達各個部位。

心臟的構造與血液的流動

　　人類心臟分為2個心房及2個心室，4個房室的交互收縮與舒張，使血液循環至全身。

　　心臟流出血液的通道，稱為「動脈」；回流至心臟的血液通道，稱為「靜脈」。為了防止血液倒流，靜脈中具有瓣膜。

　　「動脈血」為含有許多氧的血液，呈現鮮紅色；相對地，由於「靜脈血」中的氧含量少，呈現暗紅色。唯一例外的是，「肺動脈」流著靜脈血，而「肺靜脈」流著動脈血。

問題 請按照正確的順序，將甲至戊的選項填入血液流動路徑。

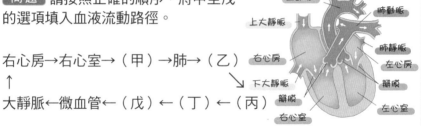

右心房→右心室→（甲）→肺→（乙）
↑
大靜脈←微血管←（戊）←（丁）←（丙）

選項：
a 左心房、b 大動脈、c 肺靜脈、d 肺動脈、e 左心室

答案 （甲）：d　（乙）：c　（丙）：a
（丁）：e　（戊）：b

觀察雞的心臟

利用在超市即可簡單入手的雞心，觀察心臟的構造。首先來看雞心的表面。

可以看到數條血管。這些是供給心臟本身養分與氧的「冠狀動脈」，以及將心臟產生的二氧化碳與廢物運出的「冠狀靜脈」。

若這些血管堵塞，會造成「心肌梗塞」。心臟送出血液的5%，會給自己使用。血液流入冠狀動脈，再進入冠狀靜脈，最後匯集在心臟後側的「冠狀竇」。

冠狀竇連接右心房，與從全身回流的靜脈血匯流。

　　接著，切開雞心以觀察內部，可發現肌肉（心肌）較厚的是「左心室」，較薄的是「右心室」。為何左心室的心肌比右心室的厚呢？

　　這是因為右心室是將血液送往心臟旁邊的肺，需要的力氣較小，但是左心室卻必須將來自左心房的血液送往全身，因而需要厚實的肌肉。觀察雞心的橫切面，便可以知道左心室與右心室的差異。

圖　雞心的橫切面圖

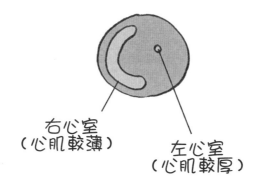

右心室
（心肌較薄）

左心室
（心肌較厚）

肺的構造與作用

　　每年一到冬天，「一氧化碳（CO）中毒」的死亡意外事件便會增加。若在門窗緊閉的房間中，持續使用石油或瓦斯設備，則室內氧氣減少，導致燃燒不完全，房裡的人便會一氧化碳中毒，甚至死亡。

問題 請選出正確的描述。

a　一氧化碳與血紅素的結合力為氧氣的200至300倍。
b　一氧化碳為無色無味的氣體。
c　輕度的一氧化碳中毒不會出現頭痛、耳鳴、頭暈等症狀。
d　一氧化碳比空氣重。

　　一氧化碳與空氣的重量幾乎相同（空氣：一氧化碳＝1：0.967），而且無色無味。因此，即使混在空氣中，我們的身體也不會發現。由於一氧化碳對血紅素的結合力很強，約為氧氣的200～300倍，所以即使只是吸入微量，血液運送的氧氣量也會減少，使身體呈現缺氧狀態，最後可能導致死亡。

答案 a、b

圖　肺與肺泡

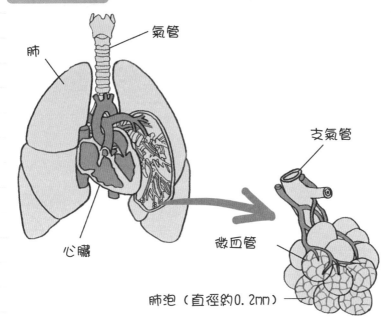

氣管

肺

支氣管

心臟

微血管

肺泡（直徑約0.2mm）

　　人類透過肺部的「肺泡」交換氣體。由肺泡的微血管至肺泡腔（吸入空氣的袋狀部分）的氧氣濃度約為16%，氣體依照濃度差異，與氧氣濃度21%的空氣交換。若吸入氧氣濃度在16%以下，肺泡微血管中的氧氣反而會出現反向交換，造成血中氧氣濃度下降，引起延腦呼吸中樞的呼吸反射，使身體急促呼吸，然而，此時呼吸會使得血中氧氣不足，陷入惡性循環。

　　因此，即使呼吸一次氧氣濃度低的空氣，便可能致死，非常危險。即使救回一命，也可能已對腦部造成損害。

血管與血液的秘密

　　人類血管網的總長度約為9萬公里，約繞地球2又1/4圈的距離。血管中流動的物質除了紅血球、白血球與血小板等成分，還有水分、糖、脂肪、胺基酸、白蛋白與球蛋白等物質。

- **紅血球：利用血紅素運輸氧氣**
- **白血球：消滅入侵體內的外來物**
- **血小板：血管破裂時，具凝固血液作用**
- **血漿：運輸養分、二氧化碳與廢物**

　　血漿由微血管滲出，並包圍組織，血液透過這個組織液，供給細胞氧與養分，並將細胞產生的二氧化碳與廢物運至排泄器官。

圖　血液的成分

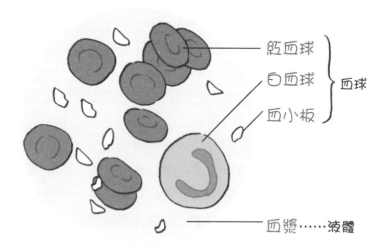

紅色血液與藍色血液

　　含有血紅素的血液呈現紅色，有些動物的血液則是藍色的，例如蝦、蟹等節肢動物，以及貝類、烏賊與章魚等軟體動物。

　　這些動物的血液呈現藍色，是因為血液中具有「血藍蛋白」（Hemocyanin）的含銅呼吸色素。

　　白藍蛋白本身雖然無色透明，但是與氧結合後，會因為銅離子而變成藍色。雖然功能與血紅素相同，負責運輸氧氣，但血藍蛋白不在血球裡，而是溶於淋巴液，與血紅素不同。

　　另外，由於血紅素含鐵，原本呈現暗紅色，與氧結合則會變成鮮紅色。

所有生物都流著紅色血液嗎？

並非如此，還有藍色血液的生物喔。例如烏賊、章魚等軟體動物，及蝦、蟹等節肢動物。

　　動物消化食物，並將其中的養分從消化道送入血管。此時未消化的殘渣與腸內細菌、老舊剝落的腸壁會一同運至大腸，由肛門排出，成為糞便。

　　組成動物身體的細胞，利用血液運來的養分與氧，進行各種作用，例如心臟細胞的舒張與收縮，肝臟細胞的毒素分解等，同時產生二氧化碳（CO_2）與氨等廢物。

　　二氧化碳的排放，是先溶入細胞周圍的組織液，再滲透回微血管，進入血液。經由血液運至肺部的二氧化碳與呼吸混合，自口鼻排出。

　　氨是蛋白質分解時產生的有毒物質，經由血液運至肝臟，肝臟會將氨轉換成毒性較弱的尿素，透過血液，運送至腎臟，經過濾進入膀胱。

　　腎臟的大小相當於拳頭（長12～13公分，厚度約3公分），形狀類似蠶豆。腎臟除了過濾廢物，也會調節並維持體內的水分（約佔體重的60%）。

　　腎臟從「腎絲球」過濾至「鮑氏囊」的液體，稱為「原尿」，一天多達160公升。不過，原尿並不直接排出體外。原尿流經腎小管，微血管會再次吸收原尿中含有的水分、鈉、葡萄糖與胺基酸等成分。因此，一天實際排泄的尿液量約為原尿百分之一，也就是1～1.5公升。經過這樣複雜的過程，我們身體取回適量的所需物質，並維持一定的血液成分。

　　原本應該與尿液一同排泄的「尿素」（廢物）如果在體內累積，會有什麼結果呢？初期會容易疲勞，嚴重時會出現食欲不振、作嘔、頭痛及注意力渙散等症狀。若更加惡化，會造成痙攣或昏迷，此時必須透過洗腎才能保住性命。

　　日本在2001年接受洗腎治療的人數約32,000人，其中，糖尿病性腎臟病的病患約12,000人，慢性腎炎的病患約10,000人。由糖尿病性腎臟病惡化至必須洗腎的病患人數年年增加，近10年增加了2倍。

圖　腎臟的橫切面圖

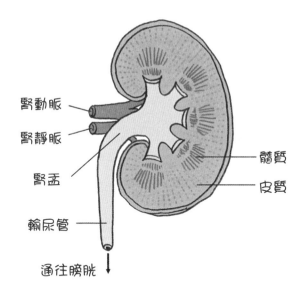

腎動脈

腎靜脈

腎盂

輸尿管

通往膀胱

髓質

皮質

8 免疫的作用

●免疫系統的白血球與淋巴球

斑馬遭到獅子攻擊而受傷，人類跌倒而擦傷，這些情況，微生物與病毒等異物會從傷口侵入體內，白血球會與侵入的異物戰鬥，以保護身體。

白血球隨著血液流遍全身，保持備戰狀態，以便隨時對抗從口、鼻或傷口侵入的異物。一經發現異物便立即進入攻擊狀態，吞食並消化這些異物。然而，白血球吞食過多異物就會死亡，死亡的白血球聚集形成膿。此時此刻在你身體的某處，可能有白血球正與異物戰鬥。

若無法順利排除異物，則可能生病，甚至死亡。例如，抗癌藥物與放射線治療會使白血球數量減少，此時若病原體自肺侵入血液，便會擴散至全身，導致高燒、呼吸困難及昏迷等症狀。若症狀急速惡化，甚至會危及性命，因此必須儘早接受治療。

●免疫系統的抗體

感冒時為什麼會打噴嚏、發燒呢？感冒的症狀大多為病毒引起，由白血球之一的淋巴球負責對抗。淋巴球產生「抗體」的物質，以攻擊病毒，抗體的作用是與異物結合，使病毒無法作用，被白血球殺死。

圖　保護身體的機制

白血球吞食並消化侵入體內的異物，並產生抗體攻擊病毒，以保護身體。

圖　保護身體的噴嚏與發燒

發燒、噴嚏、咳嗽、鼻水與眼淚等，會排出異物，都是為了保護身體。

感冒時會發燒，是由於病毒侵入後，腦部會發出「讓體溫升高吧」的命令。升溫以後，淋巴球會變得活動力旺盛而容易排除異物。感冒初期的咳嗽與噴嚏，其實具有將侵入體內的異物逐出的屏障功用；淚水、鼻水與唾液都含有削弱異物作用的物質，所以動物才會舔拭傷口。

如前所述，動物具有維持身體健康的機制，叫做「免疫」。「疫」為疾病、傳染病的意思，避免疾病的機制，即稱為「免疫」。愛滋病毒會感染負責免疫的淋巴球，因此一旦遭到愛滋病毒入侵，身體便無法產生免疫反應。

●抗體的發現

抗體是由日本的著名細菌學者——北里柴三郎（1852～1931年）發現的。白喉與破傷風的病因，來自細菌產生的毒素，北里發現，有些實驗動物，即使注射毒素也不會生病。

他調查這些動物的血液，在血清（血漿去除凝血因子剩下的液體）中發現了抑制毒素反應的物質（抗體）。

之後，北里在1890年與同事貝林（Emil Adolf von Behring）共同發表了論文「動物的白喉桿菌及破傷風免疫之發現」，並因為這項成就在1901年獲頒第一屆諾貝爾生理學・醫學獎，然而令人不解的是，這項殊榮僅由貝林獨得。

9　身體的司令部～神經系統

問題 請選出正確的描述。

a　成人大腦由約100萬個細胞形成
b　中樞神經為腦與脊髓
c　末梢神經分為感覺神經與運動神經
d　「運動神經」將眼睛及耳朵等感覺器官獲得的資訊傳至中樞神經
e　「運動神經」將中樞神經的命令傳至運動器官

　　成人大腦含有約140億個「神經細胞」，我們的身體多虧這些細胞共同作用，才能保持健康。由眼睛及耳朵等感覺器官獲得的資訊，經由感覺神經傳至大腦、小腦、延腦及脊髓組成的中樞神經。

　　中樞神經判斷所獲得的資訊，透過運動神經將指令下達肌肉等器官。例如，眼前看到美味的蛋糕，便會伸手將蛋糕拿起，放入口中。

答案 b、c、e

腦的構造

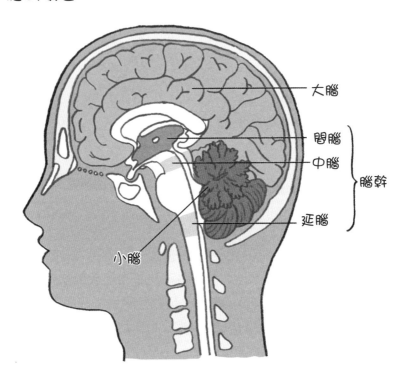

大腦

間腦
中腦 } 腦幹
延腦

小腦

● 自律神經系統

伸手將眼前的美味蛋糕放入口中,是發自自己意志的動作,稱為「隨意運動」,此時作用的神經則稱為「軀體神經系統」。

相對地,循環、呼吸、消化、發汗、體溫調節及內分泌與自己意志無關,控制這些不隨意機能的神經稱為「自律神經系統」(又叫做自主神經系統)。我們的身體藉由軀體神經系統與自律神經系統的作用,可判斷外界與體內的狀況,以維持恆定的狀態。

圖　神經細胞

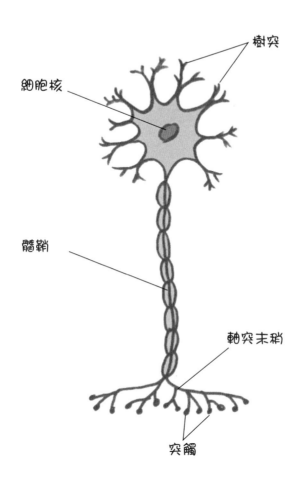

樹突

細胞核

髓鞘

軸突末稍

突觸

● 何謂反射？

　　肉食動物襲擊獵物，草食動物意識到危險而逃走等行為，都是有意識的反應，這些是大腦接收刺激後判斷的反應。

　　除了上述反應與行為，動物還有反射的舉動。例如，眼前飛來意料之外的物品時會閉眼，或是碰到滾燙的熱水壺會縮手等反應。

在判斷飛來或碰到的物品之前，身體便已反應，這些是無意識的反應動作，此時，受到的刺激在傳達至大腦之前便已做出反應，是來自脊髓等大腦以外的中樞神經，給運動神經下達的命令。

不經大腦而是由脊髓神經下達命令而執行的反應稱為「反射」。由於接收刺激到反應的間隔時間很短，所以可以迅速保護身體免於危險。

圖 有意識進行的反應與無意識進行的反應

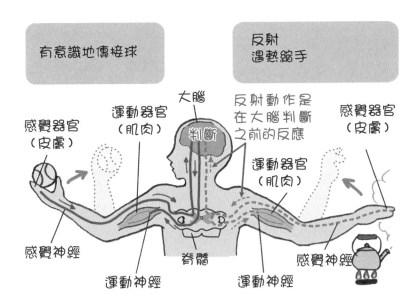

奪走登山客性命的低體溫症

2009年7月，在迎接夏山季節的日本北海道大雪山山脈，其中有2座山接連發生旅客遇難的意外，共計10人死亡。這10人之中至少有6人的死因經判定為低體溫症。

人體的體溫通常維持在36～37℃，腦幹部位的體溫調節中樞一直「監視並調整體溫」，若無法調節體溫，我們則必死無疑。

低體溫的初期症狀是發抖，由於與疲勞狀態相似，所以若以為「休息便會沒事」，而不進行適當的處置，會使得體溫更加下降，最後造成體溫調節中樞無法作用。

若體溫低於30℃，身體不再發抖，此時，可能會陷入大聲吵鬧、脫衣或精神錯亂的狀態，最後昏睡直至凍死。

表　體溫與症狀

體溫 （直腸溫度）	意識	發抖	心跳次數
35～33℃	正常	有	正常
33～30℃	較無反應	無	稍微減少
30～25℃	錯亂、幻覺	無	明顯減少
25～20℃	昏睡、假死	肌肉僵直	明顯減少
20℃以下	瀕臨死亡狀態	肌肉僵直	停止

你以為我一直在睡覺，看起來很悠閒，對吧？

也沒有，應該說是一直在吃……

肉食動物會為了狩獵而保留能量喔！貓也是一樣！

第4章

動物的種類與歷史

相較於植物，動物由於獲得養分的方式不同，構造
因而千奇百怪。這個章節介紹，為了適應嚴峻環境
而存活至今的動物，牠們奇妙的身體構造與變化。

1 有脊椎的動物

●脊索動物

　　脊索即為脊椎，身體以脊椎支撐的動物稱為脊索動物。脊椎頂端為頭骨，腦部位於其中。腦部四周布滿感覺器官，由於身體動作由腦部調整，因此發現獵物時能夠迅速移動、捕捉。骨頭附著發達的肌肉，可以活躍地動作。脊索動物分為哺乳類、鳥類、爬蟲類、兩生類及魚類共5類。

表　脊索動物分為 5 類	
哺乳類	狗、貓、鯨……
鳥　類	烏鴉、駝鳥、企鵝……
爬蟲類	蜥蜴、蛇、烏龜……
兩生類	青蛙、蠑螈、山椒魚……
魚　類	孔雀魚、鯽魚、黑鮪魚

狗　　烏鴉　　孔雀魚　　蜥蜴　　青蛙

●內骨骼與外骨骼

　　哺乳類、鳥類、爬蟲類、兩生類及魚類，雖然因為具有脊索即脊椎，而叫做脊索動物，但是除了脊椎，這些動物還具有保護柔軟腦部的「頭骨」，以及支撐並作用身體的骨骼。由於骨骼在身體內側，因而稱為「內骨骼」。

　　相對於內骨骼，蝦、蟹與昆蟲等節肢動物的骨骼在身體外側，因而稱為「外骨骼」。具有內骨骼是脊索動物的最大特徵。

表　脊索動物的差異

	生產方式	體溫	受精	呼吸	身體表面
哺乳類	胎生	恆溫	體內受精※	肺	毛髮
鳥類	卵生（有殼）	恆溫	體內受精	肺	羽毛
爬蟲類	卵生（有殼）	變溫	體內受精	肺	鱗片
兩生類	卵生（無殼）	變溫	體外受精	幼體以鰓；成體以肺	佈滿黏液的皮膚
魚類	卵生（無殼）	變溫	體外受精	鰓	鱗片

※體內受精……精子與卵在雌性體內結合

　　魚類、兩生類、爬蟲類為「變溫動物」，體溫會因為外界溫度而改變。變溫動物由於不需要維持體溫的能量，所以與鳥類、哺乳類等恆溫動物相比，需較少的食物便能生活。不過，缺點在於棲息範圍與活動方式受到環境溫度很大的影響。

脊索動物產生後代的數量

　　一次產卵或產子的數量，魚類中鮭魚是1,000～5,000、兩生類中青蛙是1,800～3,000、爬蟲類中日本錦蛇是4～17、鳥類中蒼鷹是2～3、哺乳類中大象是1。

　　鮭魚與青蛙在水中產卵，由於這些卵不受照料，幾乎會被其他動物吃光，所以數千顆卵之中，只有少數能夠長大繁衍。

　　日本錦蛇雖然也不保護自己的卵，但是會產在比較安全的地方（枯木、大石的下面等），因此產卵數量較鮭魚與青蛙少。

2　脊索動物的歷史

●脊索動物的祖先～文昌魚

　　文昌魚棲息在海底，身體細長如牙籤，長約3～5公分，呈現白色。雖然具有神經、口腔與消化器官，但是沒有腦部與下顎。過濾吸入體內的海水，從海水中的微生物獲取養分。日本的瀨戶內海與有明海等海域皆有文昌魚。台灣東北角、金門、馬祖海域也有分布。

文昌魚

學者認為文昌魚為脊索動物的祖先。

　　雖說名稱裡有「魚」，但是文昌魚並非屬於脊椎動物的魚類。文昌魚沒有脊椎，體內只有從頭到尾的棒狀脊索。脊索動物在從受精卵到成體的成長過程中，都有一段脊索時期。我們人類體內在胎兒期也有脊索，不過隨著成長，脊索進入脊椎骨。但由於脊椎源於脊索，學者才認為文昌魚是脊索動物的祖先。

活化石～肺魚與腔棘魚

　　由化石可知，魚類約在5億年前出現在地球海洋中。經過長久的歲月，演化成能夠適應河川及沼澤，即具備腮與肺兩種呼吸器官的魚。這種魚在雨季使用腮，在旱季則使用肺生活。現在非洲的肺魚仍然利用皮膚的分泌物，將身體表面的泥土凝固，做成繭度過旱季。

　　此外，有些魚類的胸鰭具有強壯骨頭與肌肉，即使在陸地上也能以魚鰭支撐身體，例如腔棘魚（學名Coelacanthiformes）。1990年代中期，人們捕獲了約200尾腔棘魚，剝製標本與複製品在世界各地的博物館陳列。腔棘魚是在南非與馬達加斯加之間的科摩羅群島附近大量捕獲的，一般認為，肺魚與腔棘魚的祖先，在距今約4億年前演化成兩生類。

圖　肺魚與腔棘魚

肺魚

腔棘魚

3　無脊椎動物

　　現今在陸地上生活的大型動物都是脊椎動物，然而，沒有脊椎的動物在地球上的數量與種類，遠比脊椎動物還來得多。

　　生命約在38億年前誕生，而在生物歷史之中，魚類這樣的脊椎動物約在距今5億年前左右出現。假設我們把生命歷史的38億年縮短成1天（24小時），則脊椎動物是在晚上9時出現。至於我們人類，則是直到半夜11時57分21秒才出現。

　　換句話說，地球在0時至21時之間，都是由無脊椎動物支配，其中幾乎都是細菌等微小生物。

●無脊椎動物的種類

　　無脊椎動物分為下列種類：

節肢動物……蟬與獨角仙等昆蟲類、蜘蛛類、蝦與蟹等甲殼
　　　　　　　類、蜈蚣等多足類
軟體動物……蛤蜊、蝸牛、章魚等
環節動物……蚯蚓、水蛭、沙蠶等
其他…………海膽、海星、海葵、海綿、草履蟲等

　　上述無脊椎動物之中，只有節肢動物的身體表面由堅硬的殼（外骨骼）包覆。

蚯蚓的生活

接下來，我們來看看蚯蚓、蛤蜊、節肢動物（尤其是昆蟲類）的身體構造與生活方式。首先是蚯蚓。

達爾文搭乘小獵犬號環遊世界，歸國之後立刻對蚯蚓產生興趣。他解剖許多蚯蚓，發現蚯蚓碾碎吞下土壤的機制。接著，他取得在固定區域內活動的蚯蚓糞便，量測厚度，發現蚯蚓將30年前撒過「白堊」（含有貝殼的石灰岩，是粉筆的原料）的牧草地翻了出來。由此，達爾文導出結論：「蚯蚓在平坦土壤中掩埋砂石的速度（即蚯蚓翻出的土壤）一年約6公釐」。

蚯蚓在陽光無法直射的濕潤土壤及落葉中生活。白天靜靜待在土壤洞穴中，到了晚上則爬出地面以攝食枯葉等有機物，或在洞穴裡混合土壤吞入有機物。蚯蚓將無法消化的土壤排出，形成小丸子狀的糞便。因為氧氣與水分容易通過含有這些糞便的土壤，所以相當適合植物生長。蚯蚓體內沒有骨骼，靠肌肉伸縮移動，因此動作非常緩慢。雖然沒有眼睛，但是身體表面有感光細胞，藉此可以避開陽光，免於乾燥。

土壤中有蚯蚓的天敵土撥鼠，據說蚯蚓能夠感應土壤震動，並往地面爬以逃離土撥鼠，不過爬到地表仍要避免乾燥。

蚯蚓看似構造簡單，卻具有心臟、血管、口腔通至肛門的消化道與神經系統。與其他動物不同的是，一條蚯蚓同時具有雄體與雌體的生殖器官，稱為「雌雄同體」。

圖　蚯蚓的身體構造

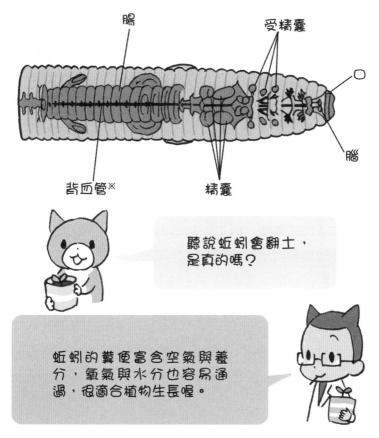

※背血管的功用是壓送血液，擔任類似心臟的功能

蛤蜊的生活

　　蛤蜊棲息於淺海的砂土之中，通常是豎直貝殼，呈現足在下方的狀態，並將2支「水管」伸出砂外，如右圖所示的「入水管」與「出水管」。

　　蛤蜊先從入水管連同海水吸入富含微生物的砂土，並從中攝取養分，接著從出水管排出不需要的物質。攝取養分，同時用腮呼吸。

　　每顆蛤蜊每天過濾約1公升的水。蛤蜊為雙殼貝類，足的形狀像人類舌頭，由肌肉形成。蛤蜊的移動方式是以足的前端勾住砂土並重複伸縮。連結二枚貝殼是類似鉸鏈的構造，即為「韌帶」。

　　蛤蜊受到威脅時，會以貝柱強力的肌肉緊閉貝殼，無論如何想要撬開貝殼也不為所動，由此可知貝柱肌肉的強力程度。

　　蛤蜊也有心臟、胃與腸，這些內臟都由「外套膜」妥善包覆。貝殼的成分與石灰岩相同為碳酸鈣，碰到酸性物質會溶解，具有「盔甲」的功能，足以保護蛤蜊不被捕食。

　　海中的章魚與烏賊，陸上的蝸牛等動物，與蛤蜊同屬軟體動物。

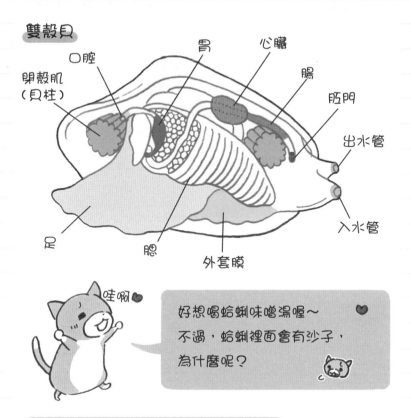

雙殼貝

閉殼肌（貝柱）　口腔　胃　心臟　腸　肛門　出水管　入水管

足　腮　外套膜

哇啊♥

好想喝蛤蜊味噌湯喔～
不過，蛤蜊裡面會有沙子，
為什麼呢？

這是因為蛤蜊連同海水吸入富含微
生物的砂土，攝取養分，再排出不
需要的物質。
等牠們把體內的沙子吐乾淨，就很
好吃喔！

　　節肢動物包含蟹、蝦、毛蟲、蜘蛛、蟎、蜈蚣、馬陸及各種昆蟲，節肢動物的意思是「身體分節，具有附肢的動物」。

　　動物中，節肢動物的種類最多，在海中、淡水、陸地、空中，無論任何地方都可發現節肢動物。為什麼節肢動物這麼繁盛呢？最大的原因在於外骨骼的發達。堅硬的身體表面可以解決在陸地生活的大問題——避免體內水分流失，同時支撐身體，抵抗水中生活時不成問題的重力。而且，節肢動物的外骨骼結構堅固，足以保護內部的柔軟構造，並具有可以迅速移動的肌肉。

● 昆蟲的特徵

　　昆蟲為節肢動物，身體受到外骨骼包覆，內部的肌肉可讓昆蟲迅速移動。昆蟲的種類多達80萬種，在動物之中佔有極大比例，昆蟲具有以下共通的特徵，

　　①身體分成頭部、胸部、腹部三個部位
　　②胸部具有3對足與2對翅膀
　　③透過胸部與腹部側面的「氣門」進行氣管呼吸

　　眼睛（單眼與複眼）與觸角等感覺器官集中在頭部。腦部從感覺器官獲得情報，對肌肉下達命令，活動腳或翅膀。腳與翅膀等運動器官集中在胸部，具備發達的肌肉。

　　昆蟲的胸部與腹部兩側有氣門，從氣門吸入空氣，經由氣管運至體內的組織。

圖　昆蟲的身體構造（以飛蝗為例）

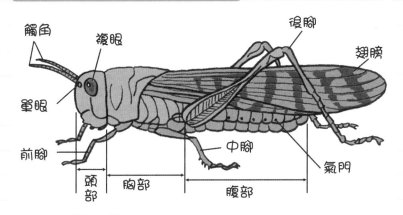

這是蝗蟲喔～！
你想不想吃啊？

你看～

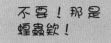

不要！那是
蝗蟲欸！

不能吃吧？

……你不是貓嗎？

第5章

生物的繁殖與細胞發生

生物界是個多樣化的世界。然而,所有生物都有共通的構造,即「細胞」。這個章節要探討細胞,並思考細胞如何形成生物的身體。

　　儘管外觀各不相同，但是形成各種生物體的最小單位都是「細胞」。蚯蚓、人類、大象及鯨的身體，皆由相同大小的細胞組成。

　　大象及鯨的身體之所以比蚯蚓及老鼠大，是因為由細胞組成比較多，而不是細胞比較大。

圖　植物細胞與動物細胞

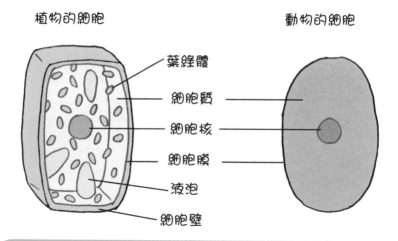

植物的細胞　　　　　　　　　　　　　　動物的細胞

葉綠體

細胞質

細胞核

細胞膜

液泡

細胞壁

無論大象還是蚯蚓，所有生物的身體皆由相同大小的細胞組成。

原來如此～

　　植物細胞與動物細胞都有「細胞核」、「細胞質」與「細胞膜」。細胞核與細胞質合稱為「原生質」。植物細胞內有「葉綠體」、「細胞壁」與「液泡」，動物細胞內則沒有。細胞的主要成分為水、脂質與蛋白質等。

①細胞核與細胞質

　　細胞核中含有「遺傳基因」。細胞膜與細胞核之間的部分，稱為細胞質。

②細胞膜

　　細胞膜是一個薄膜，約為1公釐的十萬分之一。功能不僅是區隔細胞內外，還負責攝入所需物質，並排出不需要的物質。透過吸收及排除的動作，細胞才得以生存。若細胞膜如同塑膠膜不讓任何物質通過，或是如同網子讓所有物質都能通過，細胞便無法存活。

③細胞壁

　　植物細胞包住細胞膜外側的構造，即為細胞壁。柔軟的細胞膜中充滿液體，這樣的細胞堆疊起來，會發生什麼事呢？沒錯，會立刻遭到壓垮而破裂。沒有動物骨架的植物，每個細胞外都具有堅固的細胞壁，堆疊起來以支撐身體。

④液泡

　　植物細胞在成長過程排出的廢物儲存於袋狀的液泡。含有形成花朵色彩的色素。

　　阿米巴蟲及草履蟲等生物只由一個細胞組成，稱為「單細胞生物」；人類、蚯蚓及洋蔥等生物由許多細胞聚集而成，稱為「多細胞生物」。

　　多細胞生物中，形狀及作用相同的細胞聚集成「組織」，數個組織聚集成具有一個功能的「器官」，器官聚集成「個體」。

　　成人身體由大約60兆個的細胞形成，這些細胞依不同的性質，約可分成200種。我們一起來看形成胃這個器官的構造吧。

　　胃的最裡層聚集製造黏膜的上皮細胞，形成厚約數公釐的上皮組織；上皮組織布滿製造胃液的胃腺細胞，形成「胃腺組織」；胃的外層聚集肌肉細胞，形成厚約數公釐的肌肉組織。

圖　胃的構造

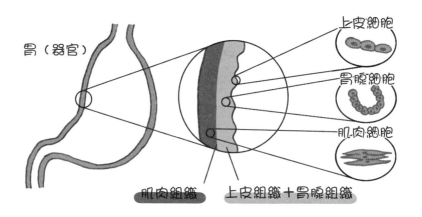

上皮細胞

胃腺細胞

肌肉細胞

胃（器官）

肌肉組織　　上皮組織＋胃腺組織

2　動物與細胞

　　大小僅數十微米（micrometer，1公釐的千分之一）的細胞，不斷分裂成龐大的數量，而且彼此聯繫以確切執行各自的功能，不由得讓人讚嘆生物身體的「奧妙」。

　　我們若是攝取過多食物，多餘的養分就會形成脂肪並囤積體內。此時的脂肪儲存於「脂肪細胞」。胖子和瘦子擁有的脂肪細胞一樣多，只是細胞也因脂肪而更加膨大。

　　像是製造骨頭的「造骨細胞」會產生強韌的纖維狀物質「膠原蛋白」，排出細胞外的膠原蛋白與血液中流動的「磷酸鈣」結合，形成堅硬的骨頭。造骨細胞本身不含鈣質。

　　無論是儲存脂肪、製造骨頭，或是分泌汗液、分解酒精等，生物體內進行的所有現象都由細胞執行。

表　各種細胞的作用

脂肪細胞	儲存脂肪的細胞
造骨細胞	產生造骨必需的膠原蛋白的細胞
汗腺細胞	囤積與分泌汗液的細胞
胃腺細胞	製造胃液的細胞
視細胞	感受光線並轉換成電流訊號的細胞

3　細胞的複製方式

　　細胞的數量經過1次分裂會變成2個，以此類推，10次變成1,024個，20次變成1,048,576個，30次變成1,073,741,824個，也就是說，分裂次數每增加10次，數量便增加約1,000倍。

　　人體大約有60兆個細胞，由此計算可知受精卵經過46次細胞分裂。

圖　精卵細胞分裂過程的示意圖

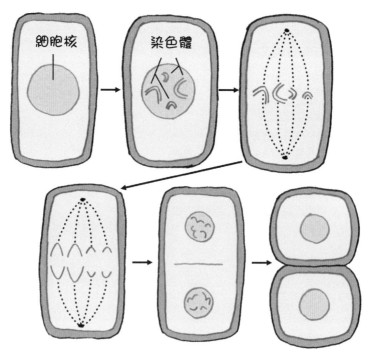

細胞一分為二後，細胞核中2條為一組的染色體，會分開成為新細胞的染色體與細胞核。

癌細胞是怎樣的細胞？

　　癌症的形成是由正常細胞變化成癌細胞開始的。正常細胞有壽命限制，經過數次分裂後便會死亡；癌細胞的壽命長，「分裂」能力強，所以細胞數量不停增加。

　　癌細胞的另一特徵是「轉移」。正常細胞在產生的原地分裂後死亡，但是癌細胞即使遠離產生的部位，也會把轉移的部位變得適合自己生長，這種增生現象就是癌細胞的轉移。癌細胞的特徵就是能夠無限增加數量，並在不同身體部位生長。

　　此外，癌細胞與正常細胞的明顯差異是，癌細胞核較大且容易染色。

癌細胞有　● 壽命長

　　　　　● 分裂能力強

　　　　　● 會轉移　　等特徵。

細胞的壽命有多長？

　　搓洗身體時會出現「垢」、不洗頭會產生「屑」，這些都是死細胞。體表的細胞受到外界的各種刺激會受傷、死亡，體內的細胞若無法充分作用，也會自己死亡或遭到其他細胞破壞。細胞壽命有多長呢？

　　以人類細胞的壽命來說，紅血球約4個月，白血球約2週，而在小腸表面攝取養分的細胞竟然只有1天半的壽命。人類體內的細胞每秒死去約5千萬個，但同時也產生相同數量的新細胞。

　　神經細胞與心肌細胞等長壽的細胞是例外，最久可以存活100年以上。有許多細胞會在中途死亡，一旦腦細胞死去過多，會變得健忘或喪失原有功能。腦部與心臟的細胞雖然相對長壽，但是增生速度慢，不像肝細胞的分裂能力強。而這點也是腦部與心臟難以治療的原因之一。

現在我的體內正有5千萬個細胞死去，5千萬個細胞產生啊。

4 動物的繁殖方式

　　所有生物皆能產出自己的同類，因此生物必有親代。產生同類的行為稱為「生殖」。阿米巴蟲等單細胞生物通常是藉由母體一分為二的「分裂」方式增生，這種不分雄雌的生殖方式，稱為「無性生殖」。阿米巴蟲以外的動物都有雄性與雌性之分，雌性具有卵巢，雄性具有睪丸，分別製造卵子與精子。

　　卵子與精子也是細胞。卵子因為富含養分，所以比一般細胞大；精子比卵子小，活動力十足，頭部主要是細胞核。這種特別為了繁殖而產生的細胞稱為「生殖細胞」，雄雌兩性利用生殖細胞繁殖的方式稱為「有性生殖」。

圖　蛙與鼠的生殖器官

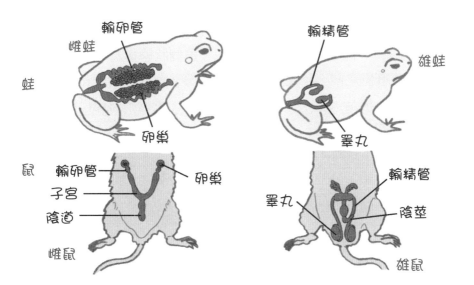

人類的小孩也是由卵長成的嗎？

我們的「生日」是從母親肚子「呱呱落地」的日子。但是，在「生日」前，其實我們已經在母親肚子裡面度過約270天，所以，真正的生日可以說是呱呱落地的270天前。

出生的270天前，我們只是直徑0.2公釐的受精卵，由女性的卵子與男性的精子結合而成的單一細胞。

一般而言，女性卵巢每月產生一次卵子，若在24小時內未與精子結合，卵子便會死亡；男性睪丸一次產生1億個以上的精子，不過能到達卵子附近的只有約100個，最後僅有一個能與卵子結合。

結合而成的受精卵在24小時後開始分裂，這個現象稱為「卵裂」。由一開始的1個細胞變成2個、2個變成4個、4個變成8個……，持續增加。此時分裂的細胞不會分離，而是相互連接在一起。

原本只有1個細胞的受精卵，經過重複卵裂，受精過後4天半的時候，細胞數量已超過100個，這個狀態稱為「胚胞」。在形成胚胞之前，是使用細胞內的養分，當胚胞附著在母親的子宮壁，稱為「著床」，形成「胚胎」，透過胎盤從母體獲得足夠的養分與氧氣。

胚胎生長時，各個細胞依照不同性質，某些成為皮膚，某些成為骨頭，某些成為肌肉，一面重複分裂，一面形成不同性質的細胞團，這就是細胞「分化」。

　　如果沒有分化的過程，我們的身體只會是一團肉，沒有脊柱或手腳，更沒有臉或頭髮。因此，分化相當重要。但是，分化的發展機制仍不明確，現在全球許多科學家依舊致力於解開這個謎團。

我的生日是7月1日！

喔～

貓的懷孕週期約65天，所以「真正的」生日應該是4月25日前後。

咦～原來如此！

如果你真的是貓的話啦。

5 觀察青蛙的發生

　　受精卵發育成生物體的過程稱為「發生」。經過仔細的研究，以青蛙為例觀察發育過程。

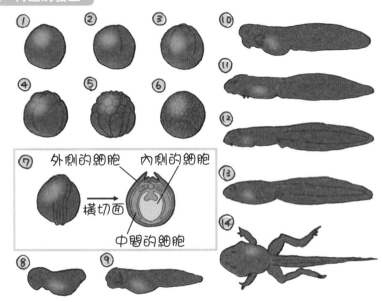

圖　青蛙的發生

圖　細胞分化

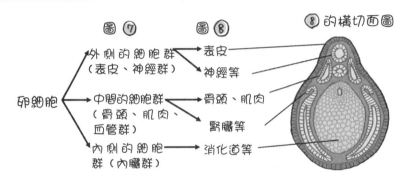

6　植物的繁殖方式

　　常見的植物大多是種子植物，花粉藉由昆蟲或風吹至雌蕊的柱頭授粉。到達雌蕊柱頭的花粉，朝著胚珠伸長花粉管，花粉管中含有精細胞，精細胞到達胚珠後，與胚珠裡面的卵子細胞核結合，形成種子植物的受精卵。

　　和動物一樣，種子植物的受精卵進行細胞分裂，形成胚，整個胚珠發育為種子。等到環境適合，種子就會發芽並分化成根莖葉。

圖　從種子植物的授粉到發芽

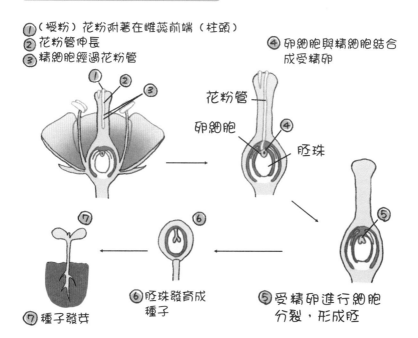

① （授粉）花粉附著在雌蕊前端（柱頭）
② 花粉管伸長
③ 精細胞經過花粉管

④ 卵細胞與精細胞結合成受精卵

花粉管
卵細胞
胚珠

⑦ 種子發芽

⑥ 胚珠發育成種子

⑤ 受精卵進行細胞分裂，形成胚

大部份種子植物的繁殖方式都是有性生殖，藉由精細胞與卵細胞的細胞核結合。不過，不少種子植物還會以無性生殖的方式繁殖。

　　例如，馬鈴薯變形的塊莖發芽，山藥藉由莖的繁殖芽（類似小塊莖的芽）繁殖。另外，種植鬱金香的球根，以及利用繡球花與杜鵑花的莖，菊花芽的扦插繁殖法等，都是植物的無性生殖。

第6章

生物的遺傳

思考

「龍生龍，鳳生鳳」，比喻父母生出與自己長相、個性相似的子女。世界首位釐清遺傳機制的，是奧地利神父孟德爾（Gregor Johann Mendel），當時為1865年。這個章節要來探討「遺傳機制」。

何謂遺傳？

　　由父母將生物的外形與特性等傳給子女，或由母細胞傳給子細胞，這種現象即為「遺傳」。

● 首次發現「遺傳法則」的孟德爾

　　1822年，孟德爾在奧地利的貧困農家出生，他半工半讀當上神父，致力於振興地區的農業化學。在工作的同時，孟德爾決定要調查植物的遺傳，因而在修道院中庭種植很多豌豆。他依種子的顏色與莖的高度等特徵分類，記錄每個特徵產生的後代數量，計算比例後，發現結果似乎有規則。

● 為什麼綠色與黃色的豌豆無法產生黃綠色？

　　在孟德爾的時代，人們認為子女繼承父母雙方的特性，但是「綠色豆莢豌豆」與「黃色豆莢豌豆」交配卻只長出「綠色豆莢豌豆」，完全沒有出現黃綠色豆莢豌豆；而且，「高豌豆」與「矮豌豆」交配也只長出「高豌豆」。

　　孟德爾於是推想：「決定豌豆特徵的遺傳根源，可能是遺傳物質。每個豌豆都各具有2個遺傳物質，而且如果同時存在產生黃色豆莢豌豆與綠色豆莢豌豆的遺傳物質，黃色的性質就會被遮蔽。所以，表現的性質稱為『顯性』，遮蔽的性質稱為『隱性』。」

格雷戈爾・約翰・孟德爾
（1822-1884年）

孟德爾發現的遺傳法則
稱為「孟德爾定律」

會表現的顯性比較優秀嗎？

並不一定。性質表現的一方稱為顯
性，遮蔽的一方稱為隱性。

孟德爾為了確認自己想法的正確性而重複多次實驗。他所認為的「遺傳物質」，其實正是現在我們所說的「遺傳基因」。

　　孟德爾發現「代代顯性的豌豆與代代隱性的豌豆交配後，必定長出顯性豌豆」，這樣的定律稱為「顯性法則」。

●基因的表示方式

　　顯性基因以大寫英文字母表示，隱性基因以小寫英文字母表示。例如，高豌豆的基因為「A」，矮豌豆的基因則為「a」。

　　代代高豌豆的親代基因為「AA」，代代矮豌豆的親代基因為「aa」。豌豆的遺傳基因存在於細胞核中的染色體，共有14條，形狀與大小皆相等，各分成2條，稱為「同源染色體」。在1對同源染色體中，決定豌豆高度的基因各為1條，所以親代基因寫成2個字母的「AA」或「aa」。

　　豌豆產生卵細胞與精細胞時，會進行稱為「減數分裂」的細胞分裂，染色體數量縮減一半。換句話說，2條同源染色體，只有1條能夠形成生殖細胞，原有的14條染色體縮減一半，成為7條。因此，卵細胞與精細胞的基因各以A、a一個字母表示。

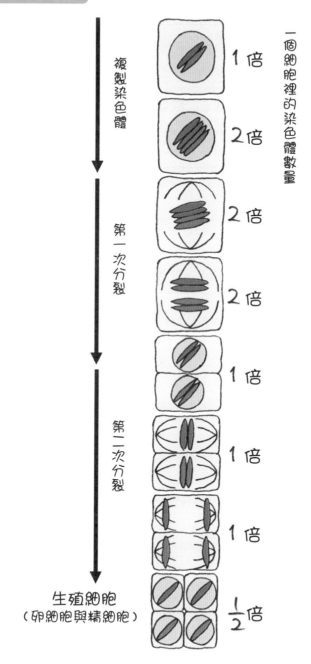

圖　減數分裂的示意圖

複製染色體

第一次分裂

第二次分裂

一個細胞裡的染色體數量

1倍

2倍

2倍

2倍

1倍

1倍

1倍

生殖細胞
（卵細胞與精細胞）

$\frac{1}{2}$倍

高豌豆與低豌豆交配，產出的子代都是高豌豆。那麼，這些子代高豌豆交配，會產生怎麼樣的孫代呢？請從以下選出正確的描述。

a 都是高豌豆
b 高豌豆與低豌豆的數量相同
c 高豌豆與低豌豆的比例為3：1
d 高豌豆與低豌豆的比例為2：1

　　具有Aa基因的子代交配，會產出的孫代基因組合，如右表所示。

　　顯性親代（AA）與隱性親代（aa）交配產出的子代基因為（Aa），都具有顯性性質。

　　然而，具有Aa基因的子代彼此交配，產出孫代的基因比例為「AA：Aa：aa＝1：2：1」，因此，顯性：隱性的比例為「3：1」。AA與Aa雖然基因不同，但是表現的都是顯性性質。

答案　c

圖　思考孫代的基因組合

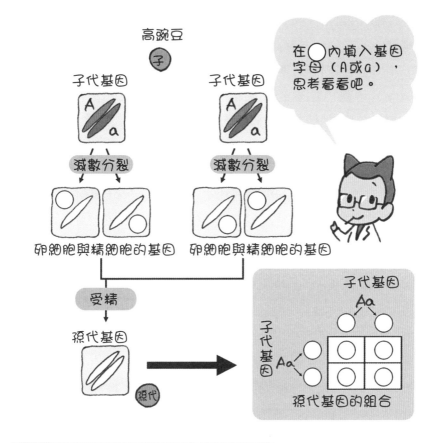

表　孫代的基因組合、表現的性質與比例

基因組合	性質	比例	
AA	高豌豆	1	合計為3
Aa	高豌豆	2	
aa	低豌豆	1	1

冒昧一問：你的「耳垢」是白色乾乾的嗎？還是褐色黏黏的呢？

白色乾乾的耳垢稱為「硬耳垢」或「乾性耳垢」（dry），褐色黏黏的耳垢稱為「軟耳垢」或「濕性耳垢」（wet）。東亞人中，約85%的人耳垢是乾性，其餘15%的人是濕性。

我們的身體表面的皮膚，皮膚下方產生新細胞，上方的舊細胞則會剝落。剝落的細胞與汗水、油脂、外來粉塵混合成污垢。

耳朵最外側稱為「外耳道」，這裡的皮膚布滿汗腺與皮脂腺，若分泌許多汗水與油脂是濕性耳垢，反之則是乾性耳垢。

濕性或乾性是由遺傳決定的。濕性為顯性基因，乾性為隱性基因，故分別以字母「W」與「w」表示吧。如果你是乾性耳垢，那麼你的耳垢基因組合為「ww」，從父母各繼承1個「w」。這種基因組合稱為「基因型」。

如果你是濕性耳垢，那麼你的細胞可能具有2個「W」，或是「W」與「w」各一，因此你的基因型為「WW」或「Ww」。若你父母其中一人為乾性，則你的基因型便為「Ww」。但是若你的父母皆為濕性，那麼你跟乾性的對象結婚，或許可以觀察生出來的小孩是哪一種耳垢，而判斷基因的顯隱性。

　　如果生出乾性耳垢的小孩，那麼便可判定你的基因型為
「Ww」。然而遺傳是機率，所以無法保證結果。

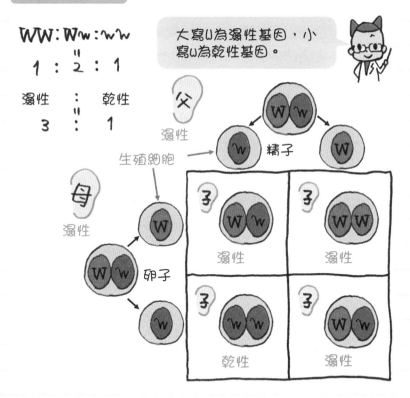

圖　耳垢的遺傳

WW : Ww : ww

1　:　2　:　1

濕性　：　乾性

3　:　1

大寫W為濕性基因，小寫w為乾性基因。

父　濕性

生殖細胞　精子

母　濕性

卵子

子　濕性

子　濕性

子　乾性

子　濕性

基因的真面目？

　　「好像麥芽糖！」看到捲在玻璃棒上的DNA，花子如是說。「我倒覺得很像蛋白。」太郎說。花子和太郎正進行從雞肝取出DNA的實驗。

　　使用雞肝或花椰菜，可以輕易取得DNA並以肉眼觀察。網路上甚至都可以查到。

　　世界首次發現基因的真面目為DNA，是在1953年，距離孟德爾發現遺傳法則，已經過了90年。發現DNA者是在英國劍橋大學進行合作研究的兩位年輕科學家——沃森（當時23歲）與克里克（當時35歲）。

　　DNA分子的形狀就像扭曲的梯子，稱為「雙股螺旋」。梯子踏板的連接處有「A」、「T」、「G」、「C」等4種「鹼基」，這些化合物相對排成2列延伸，而且必定是A對T、G對C，不會出現A對G，C對T的配對，也就是說，假設梯子一側的排列為「GGCTAGC」，那麼另一側的排列必定為「CCGATCG」。如果梯子從正中間斷裂，各自另外合成新的DNA，便會產生與原本鹼基配對相同的2個DNA，稱為DNA的自我複製。

　　由此可知，細胞分裂能夠產生2個具有相同基因的細胞。

圖 DNA 的雙股螺旋結構

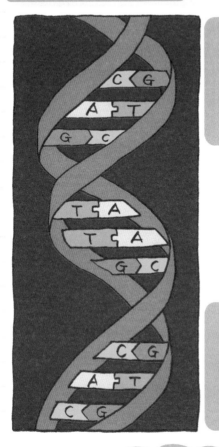

DNA分子像是扭曲的梯子，稱為「雙股螺旋」。

鹼基 A 對鹼基 T

鹼基 G 對鹼基 C

必定是這樣的配對。

連續劇常出現DNA鑑定這個名詞！配對沒有人的DNA是相同的嗎？

思考

現在認為機率是4兆7千億人中有1人具有相同DNA。

正常情況下，DNA會正確地複製。然而，雖然機率很低，有時也會發生鹼基配對錯誤的狀況，造成基因的作用異常。例如，單1個鹼基錯誤，就會造成紅血球的形狀變成鐮刀型（鐮刀型紅血球）。這樣的DNA結構改變稱為「突變」。

突變大多是自然發生，化學物質或大量放射線也可能造成。若是突然變異發生在卵子或精子等生殖細胞，就可能會出現非孟德爾遺傳法則範圍的基因表現。

照片　正常紅血球與鐮刀型紅血球

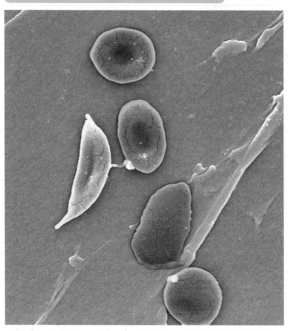

照片來源：CDC／Sickle Cell Foundation of Georgia:Jackie George, Beverly Sinclair

何謂基因改造？

　　在超市購買納豆或豆腐等黃豆製品時，會看到包裝標示「使用非基因改造黃豆」。日本現在（2009年）的黃豆自給率約為5%，表示以黃豆為原料的「食用油」、「醬油」與「味噌」等製品，大多使用美國、加拿大、巴西等地進口的黃豆。以下引用日本醬油協會網頁的陳述。

　　「醬油原料的黃豆，為基因改造食品農作物，不過，針對日本進口的基因改造黃豆，厚生勞働省已公開保證其安全性。醬油的釀造為期6～8個月，大豆蛋白在這段期間分解成胺基酸與胜肽，改造的基因不會從製品檢出，所以即使原料為基因改造黃豆，並不需要標示。不過，由於對於基因改造食品的標示，消費者要求的聲浪高漲，因此，使用非基因改造黃豆製造一事，由業者自行決定原料與製造標示標準。」

　　　　來源：日本醬油協會　http://www.soysauce.or.jp/hyouji/

　　但納豆與豆腐的大豆蛋白，並不會像醬油一樣會分解為胺基酸與胜肽的小分子，所以若原料使用基因改造黃豆，根據食品衛生法，必須標示在包裝上。豆腐渣、豆皮、毛豆、味噌、爆米花與冷凍玉米等食品，也都必須標示。

●「基因改造」與「非改造」的差異？

　　基因改造作物與非改造作物的差別，在於基因DNA與蛋白質。取出某生物的基因，送入其他生物細胞，這個作法稱為「基因改造」。例如，基因改造黃豆，是含有土壤細菌「農桿菌（Agrobacterium）」的基因。

　　導入土壤細菌基因的黃豆，即使噴灑除草劑嘉磷塞（Glyphosate），也不會枯萎。通常嘉磷塞會抑制植物生長所需的胺基酸製造酵素，而使得黃豆枯萎，但是，黃豆導入土壤細菌基因，卻不會因為這個除草劑而枯萎，這是因為土壤細菌基因製造的酵素不受嘉磷塞影響。

　　嘉磷塞雖然會使雜草枯萎，基因改造黃豆卻因為基因改變而不受除草劑破壞，能夠產生生長必須的胺基酸而順利成長。

●基因改造植物的問題？

　　由於基因改造黃豆與非改造黃豆的外觀與味道皆無差別，所以我們無法分辨。那麼，有什麼問題呢？

　　基因改造黃豆與非改造黃豆的差別在於「改變的DNA」與製造的「蛋白質」，安全性已經由日本厚生勞働省審查通過，DNA與蛋白質經過分解，我們的身體便可以做為養分使用。

　　然而，若是蛋白質未能分解，並以大分子的狀態由腸壁吸收，則可能引起過敏。科學無法百分之百找出引起過敏的蛋白質種類，同一蛋白質可能只會引起某些人過敏，其他人則無任何反應。

　　因此，即使厚生勞動省保證基因改造黃豆中的蛋白質是安全的，並同意販售，但卻無法百分之百斷定安全性。

　　除了農業領域，基因改造技術廣泛運用在醫療領域。例如，治療糖尿病患者時使用的「胰島素」，就是使用基因改造技術製成的藥品。生產方法是將人類製造胰島素的DNA導入細菌，使用這些細菌迅速且大量增殖胰島素。

　　基因改造技術還會應用在更多方面。不過與此同時，我們必須考慮人為操作生命本質，與基因的問題，並時時檢討這項技術伴隨的危險性。

第7章

生物與環境

生物的生活，與環境、其他生物習習相關。這個章節我們要來思考「吃」與「被吃」的關係，以及守護自然環境的重要。

1 食物鏈～吃與被吃的關係

　　蝗蟲吃稻子、青蛙吃蝗蟲、蛇吃青蛙、老鷹吃蛇，這是在水田中可以看到的吃與被吃的關係。這樣的關係稱為「食物鏈」。

　　只要是生物棲息之處，都具有食物鏈。追溯食物鏈中「被吃」的生物，起源一定是「綠色植物」。由於食物鏈的起點是透過光合作用從無機物質合成有機物的綠色植物，因此，綠色植物堪稱生物界的「生產者」。

圖　食物鏈的例子

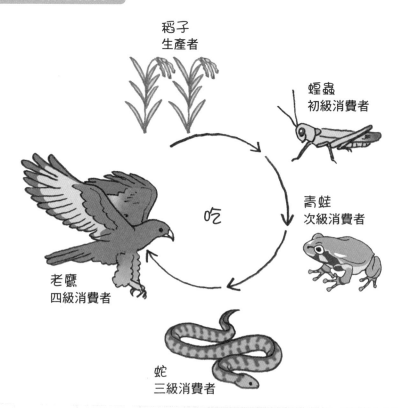

稻子
生產者

蝗蟲
初級消費者

吃

青蛙
次級消費者

老鷹
四級消費者

蛇
三級消費者

　　肉食動物捕食草食動物，是為了利用草食動物身體的有機物；草食動物食用綠色植物，是為了使用綠色植物中的有機物。由此看來，動物只是使用而不生產有機物。動物直接或間接攝取「生產者」綠色植物製造的有機物，因此稱為生物界的「消費者」。

　　真菌（黴菌、蕈類）與細菌將動物的屍骸與糞便、落葉與枯枝等有機物徹底分解成無機物，因此稱為生物界的「分解者」。

圖 生產者、消費者、分解者

2 食物網

　　自然界的動物攝食多種食物，食物鏈因而交錯成複雜的網狀。正因為是複雜的食物網，選擇很多，生物的生存才得以更加穩定；反之，如果食物鏈只是單一直線，便如同橫渡鋼索，一旦鋼索斷裂，相關的生物都會滅絕。

圖　不穩定的狀態與穩定的狀態

穩定的狀態

生物的連結關係如果為網狀，那麼即使其中一條斷裂，依然保持穩定。

喔。

不穩定的狀態

生物的連結關係如果為單一直線，那麼一旦斷裂就會失去穩定！

呀～！

生物累積釀成的悲劇

「我家的小咪暴斃了……」漁夫中村（假名）悲傷地說道。1950年代以前，日本九州熊本縣水俁市的水俁灣，由於是內灣，全年海潮穩定，隨時能夠捕獲新鮮的魚。

中村的捕魚技術了得，回到家後會將無法販賣的小魚餵給家貓「小咪」。然而，幾週前小咪開始出現異狀。

起初，小咪走路變得歪斜，接著，後腳常常痙攣，後來，有時還會發瘋似地轉圈，口水流個不停，直到死亡。

當時的記錄顯示水俁市的家貓有121隻，最後有多達74隻暴斃。究竟為什麼發生這種事呢？漁村的人完全不明白。

●侵入腦細胞的甲基汞

正當人們感到不安時，漸漸發生許多村民因為不明疾病相繼倒下。這是「水俁病」的發生開始。

圖 水俁病的發生經過

有機汞（甲基汞）
（工廠排放廢水）

小魚

海藻

植物性浮游生物

生物累積

淤泥

吞食

咀嚼

每天吃生物累積的魚

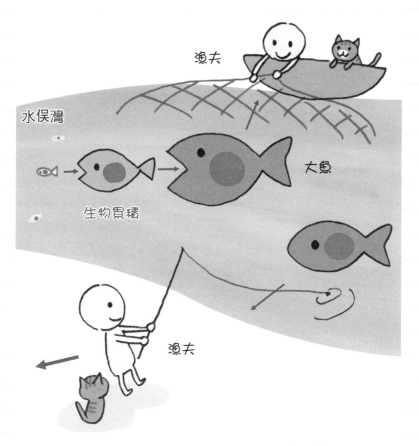

漁夫

水俣灣

生物累積

大魚

漁夫

有機汞侵入腦細胞，造成身體出現各種障礙。

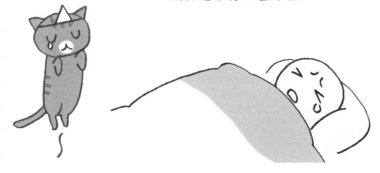

水俁病是工廠排放廢水中的「甲基汞（有機汞）」侵入腦細胞所造成的疾病。甲基汞侵入控制視覺的腦細胞，眼睛會看不見；侵入控制手腳運動神經的腦細胞，手腳會麻痺、痙攣；侵入控制言語的腦細胞，會變得連話都說不出來。

●生物累積

　　甲基汞排入水俁灣，由植物浮游生物與海藻攝取，並透過食物鏈累積在魚的體內，接著貓與人吃了這些魚才發病。

　　累積甲基汞的魚若出現異常，人們便不會捕食，也不會餵給寵愛的貓。正因為從魚的身上看不出任何異常，漁夫才吃下肚。那麼，為什麼魚沒有異常，到了貓與人的階段才出現異常呢？

　　由生物歷史來看，甲基汞是人類近期才製造出來的人工有毒物質，因此，生物體內的機制無法分解或排出這個有毒物質。

　　於是，攝取的甲基汞會慢慢地累積在生物體內。貓與人每天吃下累積甲基汞的魚，導致在體內女累積了數百倍的甲基汞。

　　甲基汞等特定的物質攝取後累積在生物體內，這個現象稱為「生物累積」。因此，我們必須重新審視「稀釋後廢棄就無害了」的想法。

3　生態金字塔～食物鏈的數量關係

　　食物鏈中，生產者植物在底部，上面依序是消費者草食動物，肉食動物，會形成下圖的金字塔，稱為「生態金字塔」。

　　越是靠近金字塔上層的生物，體型越大，數量與生物總重量越少。生物攝入的食物量，並非全部都會轉換成攝食者（消費者）的體重。

圖　生態金字塔

大型肉食性動物
（消費者）

小型肉食性動物
（消費者）

草食性動物
（消費者）

綠色植物
（生產者）

消費者攝取的食物只有一成會形成身體組織，其餘九成會消耗在呼吸與運動等生命活動。

黑鮪魚位居海中食物鏈的頂端。黑鮪魚是身長3公尺、重達400公斤的大型魚種，為了支撐這麼巨大的身體，黑鮪魚必須捕食大量鯖魚。

如果一個人想要以食用黑鮪魚讓自己的體重增加1公斤，那麼他必需吃下10公斤的黑鮪魚。以此類推，黑鮪魚必須吃下100公斤的鯖魚，鯖魚則必須吃下1噸的沙丁魚。

圖　層級越高的生物，總重量越少

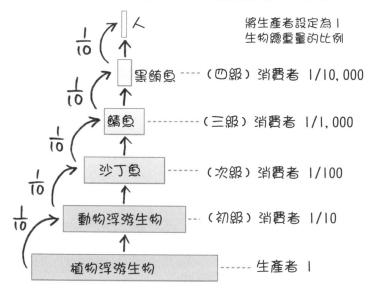

往上移動一個層級，生物總重量減少十分之一

將生產者設定為1
生物總重量的比例

人

$\frac{1}{10}$　黑鮪魚 ------ （四級）消費者 1/10,000

$\frac{1}{10}$　鯖魚 ------ （三級）消費者 1/1,000

$\frac{1}{10}$　沙丁魚 ------ （次級）消費者 1/100

$\frac{1}{10}$　動物浮游生物 ------ （初級）消費者 1/10

$\frac{1}{10}$　植物浮游生物 ------ 生產者 1

4 生物界的平衡

　　以整體食物鏈來看，雖然時時變化，但自然界的生產者與消費者的數量保持平衡。以植物為食的動物增加時，以這些動物為食的肉食性動物便會相對增加，使得草食性動物的數量因而減少，相對地，以植物為食的動物減少，肉食性動物的數量也會隨之減少。

問題 下圖顯示美國凱巴布高原的鹿與獵食者數量增減狀況。多達六成的鹿餓死的理由為下列何者？

a 久旱導致草木枯死
b 鹿的數量增加過多
c 人類放牧其他草食動物

圖 凱巴布高原的動物數量變化

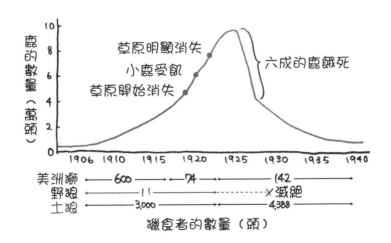

1905年，鹿的數量約為4,000頭，一向沒有太大的變動。然而，人類開始大量捕捉美洲獅與土狼，這些都是鹿的天敵，導致鹿的數量急遽增加，在1925年竟然增加至10萬頭。悲劇的序幕就此揭開。

　　之後2年內，約六成的鹿餓死。這是因為美洲獅與土狼等獵食者消失，鹿群數量激增，吃光了草。

　　生物食物鏈十分複雜，並非人類所能輕易控制。即使是對人類有害的生物，也是構成食物鏈的一環，在生物界的平衡中扮演重要的角色。

答案　b

照片　鹿

凱巴布高原發生的事件是人類干擾複雜食物鏈所造成的悲劇。

青青草原變成沙漠！

　　19世紀以前，北美洲中西部是一大片的青青草原。草原上的美洲野牛多達6千萬頭，還有許多土撥鼠、野兔與鼬鼠，以及獵食美洲野牛的野狼與土狼。

　　然而，現在這個地區已經變成廣大的沙漠，完全不見昔日大草原的蹤影。為什麼會變成這樣呢？草原的沙漠化是因為野牛過度增加而將草吃光了嗎？並非如此，由於野狼與土狼會獵食野牛，動物的數量便會保持平恆。

照片　美洲野牛

照片來源：United States Department of Agriculture

●人類獵殺野牛

18世紀末，白人開始獵捕野牛。起先是為了獲得食物及衣物，但是漸漸地，白人開始將打獵當成娛樂運動。人人手裡握著獵槍，追捕並殺戮野牛，甚至有人一年射殺3千頭野牛。結果，近6千萬頭的野牛在僅僅七十多年內幾乎全數遭到獵殺。

不只如此，白人分別以「捕食人類的牛羊」及「飼養的馬踏到土撥鼠的洞穴而被咬傷腳踝」為理由，也獵殺了野狼、土狼與土撥鼠。

草原失去野生動物之後，人們放牧大量的牛羊。不過，這些蓄養動物除了連根吃光草原的草，還把植物生長所需的鬆軟土壤踏成堅硬的土地。

●土地無法復原

土撥鼠的叫聲與狗類似，又名「犬鼠」。牠們在大草原的地底下縱橫挖掘直徑約15公分的隧道，打造地下城。其實土撥鼠挖洞形同耕土，對植物而言是相當有益的。

然而，挖洞的土撥鼠由於人類的無知而銳減，草原的土壤變得堅硬，植物無法在這樣的土壤環境中生長。沒有植物生長的土地，地表容易遭到雨水沖刷而裸露，造成植物更加難以生長，長期形成惡性循環。如果土撥鼠沒有遭到撲殺，即使牛羊踏硬土壤，或許影響都不會如此嚴重……。

　　於是，曾經棲息許多動物的青青草原，終於變成荒涼的不毛沙漠。人類就是元凶。

照片　挖洞而居的土撥鼠

　　蚯蚓連土壤一起，吞入落葉與枯草，進行消化獲得養分。未能消化的物質與土一同排出蚯蚓的肛門，排出的糞便為丸子狀，有空隙而鬆軟，排水性極佳，又富含空氣與養分，所以利於植物生長。

　　除了蚯蚓，西瓜蟲與跳蟲也會食用落葉及枯草。蠍子、蜈蚣與蜘蛛等肉食性土壤動物捕食西瓜蟲、跳蟲，更大的鼴鼠與地鼠則捕食蠍子、蜈蚣與蜘蛛。

圖　蚯蚓耕土

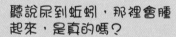

圖 各式各樣的土壤動物

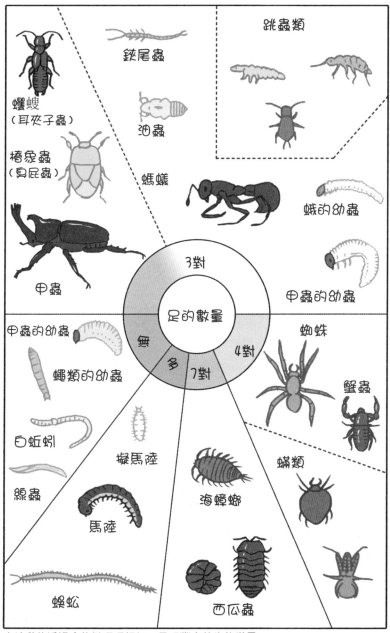

土壤動物透過食物鏈環環相扣，呈現豐富的生物世界。

1克的土壤約含有數百萬個真菌與數億個細菌。青黴與酵母菌等黴菌在菌絲頂端製造孢子繁殖；松茸與椎茸等蕈類在蕈傘內側製造孢子繁殖。這兩者都是屬於真菌的多細胞生物。細菌為小小的單細胞生物，藉由分裂增殖。土壤之中有許多細菌與真菌。

　　真菌與細菌為分解者，將落葉、動植物的屍骸與糞便等有機物，分解成二氧化碳、水與含氮化合物等無機物。因為分解者將有機物分解成無機物，地球上的糞便與屍骸才沒有堆積如山。糞便與屍骸變成無機物後，植物才能加以利用。

第8章

生物的演化

地球環境自古以來，發生過許多大變動，為數不明的生物滅絕，促使生物演化。這個章節我們要來學習生物的演化。

1　何謂演化

　　在電視、報紙、遊戲中常常看到「演化」一詞，但是意思大多與生物演化不同。為求正確理解生物演化，首先說明演化的證據。

●化石

　　調查以前生物的「化石」，即可得知現在生物的變化過程。從化石可復原馬與象的樣貌，依年代順序排列如下圖。

圖　馬的演化

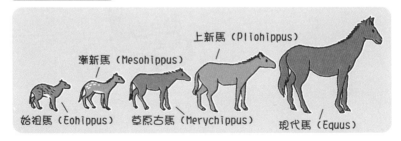

圖　象的演化

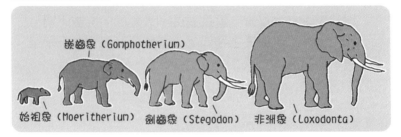

●同源器官與痕跡器官

　　人類的手、鼴鼠的前足、鯨的鰭與蝙蝠的翅膀，看起來差異甚大，但由下圖可見，骨骼卻很相似。這是因為這4種動物的骨骼具有相同的起源。

　　即使外觀不同，但起源卻相同的器官，稱為「同源器官」，是演化的證據之一。鳥類與蝴蝶的翅膀形狀與作用方式類似，但起源不同，稱為「同功器官」。

圖　哺乳類前足的骨骼比較

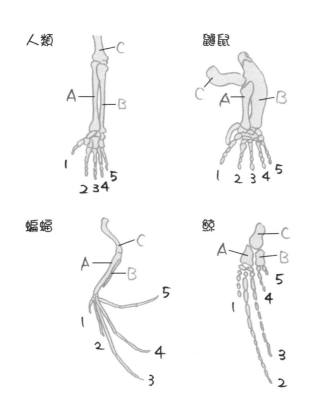

鯨沒有足，不過從骨骼可以發現足的痕跡。生活在距今4,800萬年前，有一種類似鹿的動物，根據化石推測應該是鯨的祖先。鯨的體內殘留了大腿骨與坐骨，稱為「痕跡器官」，是一種演化的證據。人類身體也有闌尾與動耳肌等痕跡器官殘留。

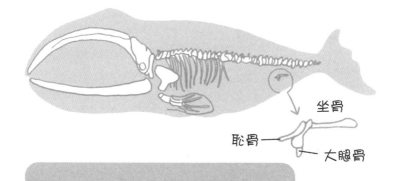

圖　鯨的後足為痕跡器官

坐骨

恥骨

大腿骨

人類、鯨、鼴鼠與蝙蝠的手部骨骼相似，起源相同，稱為「同源器官」；殘留後代的身體痕跡（例如鯨足）稱為「痕跡器官」。

手是演化的證據之一啊～

2　演化的契機～突變

　　產生的後代，與祖先特性出現變化，即為演化。基因複製偶爾會發生錯誤，例如應為「TTA」的鹼基排序變成「TAA」，這樣的錯誤若遺傳至子代，則可能造成親代與子代的特性不同。

　　卵子與精子等生殖細胞形成時，會進行基因重組。雖然生殖細胞的原始細胞具有形狀與大小相等的染色體，但是每一個生殖細胞的基因不一定完全相同。有可能一個是「AAAATTGGC」，而另一個是「AACTCTGGG」。

　　假設在卵子與精子形成時，第5個鹼基T重組成C，那麼在卵子與精子的階段，便已經注定子代與親代具有不同特性。

　　另外，太陽的紫外線與某種化學物質也可能破壞一部分的DNA。

　　若親代將無可避免的複製錯誤，或基因重組的DNA傳給子代，生物便會發生突變。突變會使個體產生差異。

　　如果從最初的生命誕生之後，DNA一直完全複製，沒有任何DNA變異，那麼生物不會隨著時間變化，也不會演化。不過，實際上生物一定會發生DNA的變異，並隨著時間不斷變化、演化。

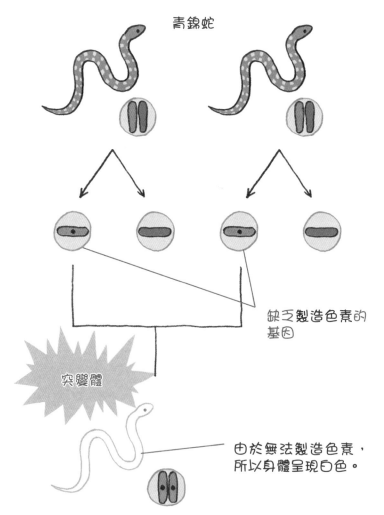

青錦蛇

缺乏製造色素的
基因

突變體

由於無法製造色素，
所以身體呈現白色。

青錦蛇的白化個體
（白蛇）

172

3　天擇

　　某種生物身上發生的突變，若剛好適合所處的環境，這個變異留存的可能性便會增加，反之，不符合則會減少，這個現象稱為「自然淘汰」或「天擇」。我們以「雀鳥的研究」為具體例子來說明。

　　加拉巴哥群島座落在南美洲厄瓜多海岸往西約1,000公里處，英國普林斯頓大學的生態學者葛蘭特夫婦（Peter & Rosemary Grant）自1973年開始研究棲息在這些火山島上的雀鳥。

圖　加拉巴哥群島

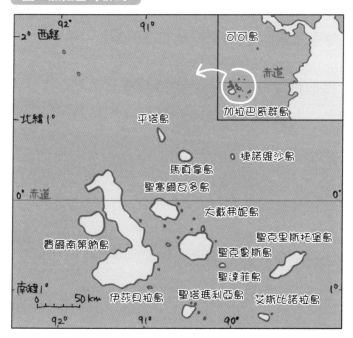

加拉巴哥群島棲息著多達14種的雀鳥。在大戴弗妮島上有約1,000隻鳥喙較為大且厚的雀鳥，以小而柔軟的種子為食。

　　葛蘭特夫婦為其中的751隻雀鳥戴上腳環以辨別個體，並且定期量測翅膀、足、鳥喙厚度等資料。就像人類有高矮之分，雀鳥個體的翅膀與足的長度、鳥喙厚度皆不盡相同，這樣的差異稱為「變異」。

　　加拉巴哥群島在1977年遇到嚴重的旱災。通常雨季會降下130公釐左右的雨量，但是當年的降雨量只有24公釐，不到往年的兩成。因此，許多植物枯死，導致雨季過後二十多個月，雀鳥因為沒有種子可食而相繼死亡。大戴弗妮島有多達84%的雀鳥餓死。

　　葛蘭特夫婦在1978年捕捉90隻雀鳥，測量鳥喙厚度，發現存活下來的雀鳥大多是鳥喙厚度較大的個體。

　　這座島上的雀鳥喜好以小而柔軟的種子為食，然而結出這類種子的樹大半都枯死了，只有結有大顆且帶殼種子的樹種存活下來，因此，具有大而厚實鳥喙的雀鳥才能夠啄開這些種子，所以得以存活、繁衍。

　　具有厚實鳥喙的親代，所生的子代，鳥喙長得更加厚實，能「適應」新環境。

圖　雀鳥的鳥喙厚度

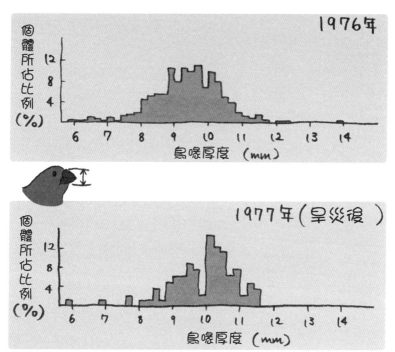

大戴弗妮島的雀鳥鳥喙厚度分布圖

旱災過後，具有厚實鳥喙的雀鳥存活較多

第9章

生命的歷史

雖然現今地球棲息著各式各樣的生物，但是從前並
非如此。生命是如何在地球上誕生並增加種類與數
量呢？這個章節，我們要來解開地球生命歷史之
謎。

1　生命在原始海洋中誕生

液態的「水」佔生物體重的7～9成，如果沒有這些水，任何生物都無法生存。為什麼生物這麼需要水呢？這是因為水能夠溶解各種物質，例如糖、胺基酸、鉀離子、鈉離子等，這些物質會在水中進行化學反應。

世界已知最古老生物的化石，是在澳洲發現的單細胞細菌化石，從約35億年前形成的岩層挖掘而出。那麼，究竟最初的生命是如何誕生的呢？以下為目前最具公信力的假說。

剛形成的原始地球，隨處都有火山爆發，噴出的大量水蒸氣成為雲。雲中的雷聲轟隆作響，閃電打到海面。由於當時沒有臭氧層可以吸收太陽發出的大量紫外線，因此強烈的紫外線會直接照射海面。

原始地球的大氣成分與現在不同，由CO_2、H_2、N_2構成。閃電、紫外線與溶解於海水的CO_2、H_2、N_2反應，產生有機物，這些有機物在經過數億年後形成細胞。

曝露在強烈紫外線之下，生物會死亡，因此生物只能在強烈紫外線無法到達的海面下方緩慢生長。

圖　生命的歷史

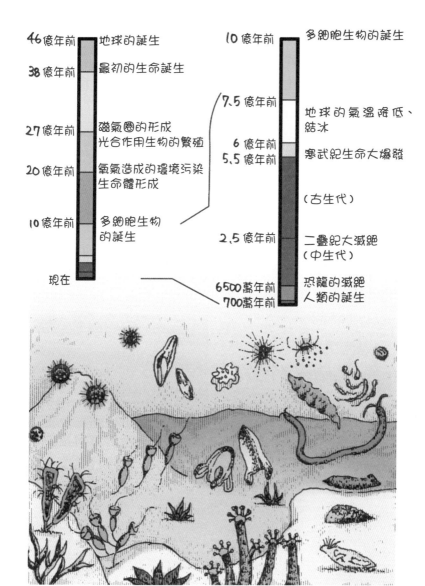

46億年前　地球的誕生
38億年前　最初的生命誕生
27億年前　磁氣圈的形成
　　　　　光合作用生物的繁殖
20億年前　氧氣造成的環境污染
　　　　　生命體形成
10億年前　多細胞生物
　　　　　的誕生
現在

10億年前　多細胞生物的誕生
7.5億年前　地球的氣溫降低、結冰
6億年前
5.5億年前　寒武紀生命大爆發
　　　　　（古生代）
2.5億年前　二疊紀大滅絕
　　　　　（中生代）
6500萬年前　恐龍的滅絕
700萬年前　人類的誕生

※據說是巨大隕石撞擊地球，使得約九成的海洋生物與最多七成的陸地生物
　滅絕。

2　光合作用生物的出現

　　距今約27億年前，細菌（藍綠藻）在淺海出現，進行光合作用並排放氧氣。藍綠藻攝取二氧化碳與水，使用光能製造葡萄糖，並排放氧氣，持續排放氧氣，經過數億年，改變了地球的大氣成分。

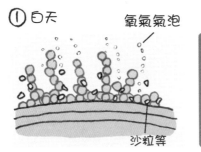

① 白天

氧氣氣泡

沙粒等

進行光合作用的藍綠藻繁殖、排放氧氣。

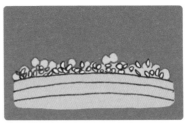

② 晚上

沙粒附著在藍綠藻分泌的黏液上。

　　現在仍然可在西澳皮爾布拉（Pilbara）地區的地層，發現這種細菌的化石「疊層石」，也可在西澳北部的哈美林池看到，正持續以1年0.3公釐的速度緩慢成長。

　　藍綠藻排出的氧氣先將海中的鐵（離子）氧化，產生氧化鐵層。直到海中的氧氣飽和，氧氣開始排至大氣之中，氧氣會在平流層形成臭氧層，阻絕對生物有害的紫外線。

　　藉由藍綠藻的作用，地球環境漸漸具備生物登陸的條件。

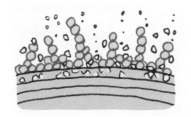

藍綠藻生長繁殖，進行光合作用。

①~③重覆，疊層石形成枕頭的形狀。

3　水中迅速增加的生物

　　約5億5千萬年前，只有數十種生物，但是突然之間，生物種類迅速增加，這個現象稱為「寒武紀的生命大爆發」。生物種類出現了前所未見的多樣性，各種生物產生，其中還包含現今生物的祖先。

　　從這些動物的化石，發現了「有殼動物」與「有脊索動物」。大爆發之前的化石中，只有發現如同水母的無殼、無脊椎生物。

　　寒武紀的化石在澳洲南部的埃迪卡拉（Ediacara）、加拿大洛磯山脈的伯吉斯（Burgess）與中國的澄江等地皆有發現。埃迪卡拉的化石特徵是具有小殼的動物與類似水母的生物；伯吉斯與澄江的化石特徵則是出現很多節肢動物。伯吉斯動物的代表則是奇蝦。奇蝦是一種大型的肉食動物，身體最長可達2公尺。

　　在伯吉斯與澄江發現的生物後來都失去了蹤影，不過這個時期出現具有脊索的生物，例如存活至今的海鞘，很有可能後來發展成現在的脊椎動物。海鞘的成體會附著在岩石，幼體則在岩石附近漂浮。

圖 奇蝦的想像圖

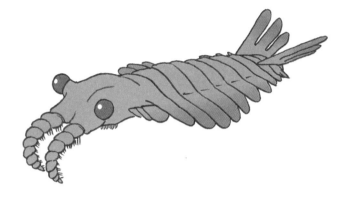

照片 海鞘

海鞘為存活至今的脊索動物。

4　陸地曾經是死亡世界

　　植物在距今約4億年前登陸。這代表生命誕生的38億年前，有長達30多億年的時間，陸地都是毫無生氣的世界。當時地球的陸地如同水星、金星與月亮，都是由岩石與沙石覆蓋的荒涼世界。為什麼生物在30億年的漫長時光之中，都無法登上陸地呢？

　　原因之一為陽光含有的強烈紫外線。紫外線會破壞生物的基因，基因一旦損壞，生物便無法生存。但是，生命自從在海中誕生以來，經過長達30億年的光陰，製造了吸收紫外線的臭氧層，都是多虧了在水中進行光合作用的藍綠藻等藻類，所產生的氧氣在大氣上層變成臭氧。臭氧層厚到足以吸收太陽射出的大量紫外線之前，陸地對生物而言是恐怖的死亡世界。

　　生物一直無法登陸的另一個原因是水。生物體一旦失去水便無法存活。將海帶芽從水中取出並置之不理，會變得乾躁，可見生活在水中的生物若是直接登陸，會立刻乾枯死亡。過了一段很長的歲月，海中誕生的生物才具備防止身體乾燥的機制。

　　防止細胞內水分蒸發的表皮細胞，將空氣中的氧氣攝入體內的氣孔與肺，在陸地上支撐身體的維管束與骨骼——若不具備這些機制，生物便無法登陸。

5　植物登陸的那一天

　　尚無植物的原始陸地，應該是乾燥且溫差劇烈的世界。白天強烈的太陽光線照射地表，使地表附近的氣溫急遽上升；日落，這股熱立刻散失至宇宙中，寒冷的夜晚來臨。而且，降下的雨滴以強勁的力道敲擊地面，雨水沖擊地表灌入海中。

　　距今約4億年前的某一天，海底發生地殼變動。海底逐漸上升，突出海面，曝露在空氣之中。原本附著在海中岩石的植物，大多遭到強烈陽光烤乾而死亡。不過，具有表皮細胞，足以阻止體內水分蒸發的少數植物則存活下來。

　　植物漸漸出現具有能夠從土中吸收水分的根，能夠在空氣中支撐莖幹的維管束。在英國發現的4億年前的植物化石命名為「萊尼蕨」，纖細的莖分成兩股，沒有葉，莖的前端具備孢子囊（裝有孢子的囊袋）。一般認為萊尼蕨是現代蕨類的祖先，其實現今仍存在與萊尼蕨類似的蕨類植物──松葉蕨。

　　萊尼蕨的孢子散落陸地而繁殖。由於陸上可以接收強烈的陽光照射，因此能夠以數倍的速度進行光合作用。欣欣向榮的陸地，出現了具有莖和葉的植物。原本為死亡世界的陸地，變成一片綠色覆蓋的世界。

圖 萊尼蕨

孢子囊

莖

地球上最先登陸的生物是植物萊尼蕨，是蕨類植物的祖先。

只有莖啊～看起來像葉的部分其實是孢子囊。

松葉蕨是與萊尼蕨十分類似的現存植物，已瀕臨滅絕。

6 動物的登陸

　　植物登陸後，以植物為食的動物，自然而然隨之登陸。從距今約3億年前的地層發現的化石，有身體長達15公分的蟑螂，與展翅寬達60公分的蜻蜓。由於當時尚未出現捕食這些昆蟲的鳥獸，因此過了一段愜意的陸地生活。

　　在植物登陸的4億年前，地殼變動相當激烈。由於海底隆起，原本在海面下的岩石表面因而曝露在空氣中，岩石凹陷處形成沼澤與湖泊。

　　岩石上除了植物，許多動物也因為失去水分而死去。接下來出現的動物，則具備能夠呼吸空氣的肺與在陸地行走的足。

　　腔棘魚的魚鰭長得厚實，陸上動物的足部應該就是由此變化而來。然而，可惜的是腔棘魚沒有肺。推測同時具備肺魚的肺，與腔棘魚魚鰭的魚，演化成魚石螈，一般認為是兩生類的祖先。

　　魚石螈在沒有天敵的廣大陸地捕食大型昆蟲，也在水中捕魚。牠們在產卵時必須回到水邊。這是因為牠們的卵如同青蛙卵，沒有堅固的殼包覆，因此無法離開水邊太遠。

圖 肺魚、腔棘魚、魚石螈

肺魚

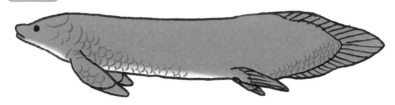

腔棘魚

魚石螈

魚石螈的體長推測為1公尺

7 爬蟲類支配陸地

防止卵乾燥的硬殼、防水的厚實皮膚、在陸地迅速移動的發達肌肉與骨骼，具備這些條件的動物約在3億年前出現，牠們是花了很久的功夫才從兩生類演化而成的爬蟲類。

爬蟲類在1億8千萬年之間，衍生出許多種類，征服了陸海空三個生活領域。相較之下，我們人類的歷史僅有700萬年。假設將地球歷史46億年換算成1年，人類只佔13小時，而爬蟲類竟然繁榮了約14天，時間相當於人類歷史的26倍。

恐龍的繁榮與滅絕

恐龍不同於蜥蜴等一般爬蟲類，腳幾乎長在軀幹的正下方，且步行姿勢與現在鳥類雷同。這個特徵使恐龍體型巨大，卻行動敏捷，也因此得以擴展棲息區域。全長14公尺且牙齒長達18公分的暴龍，全長22公尺且高4.5公尺的雷龍等，地球出現了前所未有的巨大動物。

大型爬蟲類將空中與水中劃入勢力範圍。展翅寬達8公尺的翼手龍在空中飛翔，全長10公尺的蛇頸龍在水中悠閒游泳。

但是這樣的爬蟲類世界在約6,500萬年前突然落幕，恐龍等大型爬蟲類全部滅絕。原因尚不明確，較為可信的說法是隕石撞擊造成的地球環境大變動。恐龍滅絕後，哺乳類取而代之稱霸地球。

圖　暴龍、翼手龍、雷龍

暴龍

翼手龍

雷龍

參考：《恐龍復活大百科》，SoftBank Creative出版。

8　哺乳類的繁榮

　　距今約6,500萬年前，原本繁榮的恐龍滅絕，鱷魚、蜥蜴、烏龜等小型爬蟲類，以及哺乳類的祖先存活下來。哺乳類是體表覆蓋毛髮的恆溫動物，而且是胎生，讓子代能夠在母體內安全發育，腦部也很發達，因而得以繁榮發展。

　　你知道哺乳類祖先是什麼動物嗎？答案是土撥鼠與地鼠的同類。2億年前左右，恐龍還在地面上橫行無阻時，哺乳類的祖先已經在地表與地底竄動自如了。

圖　哺乳類的適應幅射※

※Adaptive Radiation適應各種不同的環境條件演化，或分化成不同種類的現象。

恐龍滅絕之後，原本隱身黑夜之中的哺乳類獲得豐富的食物與生活領域，逐漸繁殖、增加後代，終於取代恐龍，成為遍布陸地的動物。

第10章

人類的出現

現今人類位居地球上所有生物的演化頂端,然而就生物的歷史來看,這只是最近的事情。本書的最後章節著眼在人類的演化。

1 人類的演化

　　人類與「猿猴」同屬靈長類。靈長類動物的最古老化石，在美國蒙大拿州的普爾加托里山（Purgatory Hill）發現，由6,500萬年前的地層挖掘而出。

　　靈長類體型變大，腦部容量也增加。6,500萬年前，原本溫暖且遍布大森林的北美大陸漸漸變得寒冷、乾燥，從挖掘而出的植物化石可了解氣候變化。無法忍耐寒冷的猿猴，開始遷徙至中南美洲與歐洲等地。當時，北美洲與歐洲的陸地相連。接著猿猴再從歐洲移居至非洲大陸。

圖　人類的演化

猿人

原人

　　類人猿的黑猩猩與人的基因，兩者相較之下，差異僅有1.23%。這是日本的理化學研究所領先全球在2002年1月4日發表的數值。因此，由基因來看，兩者的關係一定相當接近。但是，這並不是說「黑猩猩演化成人」。在距今500～600萬年前，黑猩猩與人的共同祖先已經分支，各自演化。

　　區分人類與類人猿的差異，並非腦部大小。目前所知最古老的人類化石是2002年在非洲中部的查德湖（Lake Chad）所發現，腦容量為360～370cc，與黑猩猩相當。人類與類人猿的區分在於「雙腳直立步行」。

舊人

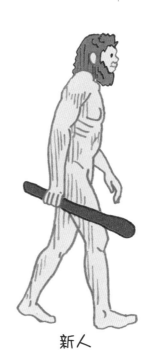

新人

在美洲發跡的猿猴，最後來到非洲，誕生了人的祖先。從南非「猿人」居住過的洞窟中，發現大型鹿與山羊的骨骸。南非德蘭士瓦博物館的布萊恩博士（C.K. Brain）推測「猿人撿食死亡的動物，或是藉由群體優勢，掠奪獅、豹捕獲的獵物」，畢竟當時猿人尚未發明可用的武器。

●開始使用工具的「原人」

後來，到了100萬年前的「原人」（直立人）時代，才學會將石頭綁在木柄前端，組隊狩獵。從原人的洞窟發現許多馬、山羊、獅、豹與熊等動物的骨骸。

之後，距今20萬年前的「舊人」（尼安德塔人）使用「燧石」，即前端十分鋒利的石頭。接著，我們的直系祖先「新人」（克羅馬儂人）使用更細更薄的長燧石。

由於雙腳直立行走，人類使用空出的雙手製造工具，腦部因此更加發展。

我們的祖先沒有獅子一般強壯的下顎與牙齒，也沒有馬一般能夠快速奔跑的腿，可以依靠的只有靈巧的雙手與頭腦。利用這些優勢，人類製造的工具甚至可以殺死獅子。後來，人類還造出跑得比馬快的汽車，與在空中飛翔的飛機。製造工具的卓越技術，傳承給其他人，以進一步改良。

圖　非洲起源說所示的人類演化流程

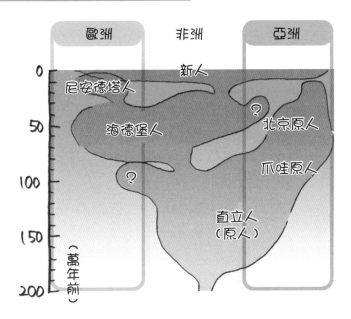

圖　燧石示意圖

2 冰河期後的人類祖先

在非洲誕生的人類祖先，漸漸遍布全世界。當時是地球歷史上相當寒冷的時期，稱為「大冰河期」。

大冰河期的海平面因為水結凍而降低，其中，最為寒冷的「沃姆冰盛期」，海平面甚至比現在低130公尺，原本的海底部分露出海面，陸地相連，人類等動物能夠遷徙至更遠的地區。

以日本為例，由於當時日本陸地與亞洲大陸相連，猛獁象、大角鹿與麋鹿等大型動物得以從北方前來。這些動物的化石在日本各地皆已發現。

雖然稱為冰河期，但是並非整個地球表面都受到冰雪覆蓋。推測整體氣溫比現在低約8～9℃。

在日本長野縣的野尻湖中，從距今1～3萬年前堆積的「野尻湖層」發現了長毛象與大角鹿的骨骸，還有雲杉、鐵杉、冷杉與落葉松等植物的花粉。這些植物生長在亞寒帶～冷溫帶之間，由此可見當時野尻湖的氣溫相當於現在的北海道或更北的區域，夏日氣溫在20℃上下，冬日氣溫則維持在0℃以下。

野尻湖的湖水凍結半年以上，長毛象與大角鹿等動物可在凍結的湖面行走。到了溫暖的春天，這些動物由於體型龐大，很多都在渡湖時踏碎薄冰的湖面，墜入湖中溺死。1964年的「第4屆野尻湖挖掘調查」，發現湖中有多達150具長毛象與大角鹿的化石。

一般認為當時有「野尻湖人」狩獵這些動物，然而可惜的是尚未發現這些人的骨骸。即使如此，已經發現他們留下的自製石器與骨器，以及象牙製成的雕像。女人與小孩採集果實與山芋，男性集體狩獵，這樣依靠大自然的生活方式，一直持續至1萬年前。

圖　長毛象與大角鹿

在日本長野縣的野尻湖，發現許多長毛象與大角鹿的骨骸。冰河期造成海平面下降，陸地相連，這些動物得以從北方向南方遷徙。

3　人類將野草變成蔬菜，將山豬變成家豬

距今約7,000年前，墨西哥的印第安人開始種植玉米。當時的野生玉米現已絕跡，從遺跡找到的出土物如右頁圖。

挖出的玉米，結種子的部份只有2公分左右，而且種子的大小宛若米粒，一旦熟成，種子便會自然掉落地面。

4,000年前栽培的玉米，結種子的部份長約5公分；3,500年前的玉米種子嵌入玉米芯，即使熟成也不會掉落。現在的玉米則是優良品種交配的結果。

山豬是棲息在森林的雜食動物，以果實、草、昆蟲、蚯蚓、澤蟹、青蛙、蛇、甚至老鼠為食，脖子粗短，眼睛小且視力不佳，對於氣味與聲音相當敏感。

山豬的牙齒銳利，大型公山豬的牙齒最長可達14公分。據說山豬一撞甚至可以擊倒馬。

平常獨自生活的山豬，到了繁殖期會聚集成群。強壯的公山豬獨佔大部份的母山豬，交配後，母山豬一胎產下3～8頭小山豬。

相較之下，家豬雖然也是雜食動物，而且視力不佳、嗅覺敏銳。家豬脾氣溫和、成長快速，而且可食用的部位很多。

1萬年前，人類追趕在稻田四周出沒的山豬，偶爾以弓箭獵食。當時已經具備設計陷阱以活捉山豬的智慧。由於人類飼養活捉的山豬，將脾氣溫和、肉多的山豬交配，才漸漸造就今日的家豬。

　　在38億年的生命歷史中，人類不是跑得特別快，也沒有特別銳利的爪、牙，卻能夠位居所有動物的頂端。其他生物幾乎直接取食大自然，人類卻自行種植、飼養，取得大部分食物。

圖　野生玉米的示意圖

但由於其他生物依照自然界的法則生活，所以數量穩定，人類卻不斷增加，甚至為了追求更加方便、舒適的生活，對其他生物趕盡殺絕，或是大規模地破壞自然環境。「前人種樹，後人乘涼」，我們應該切記地球並非由人類獨佔，而是所有生物共同擁有的。

圖　山豬與家豬的比較

山豬頭骨

家豬頭骨

索 引

國家圖書館出版品預行編目資料

3小時讀通生物 / 左卷健男, 左卷惠美子作；
　陳文涵譯. -- 初版. --新北市 ： 世茂,
　2014.02
　　面； 公分. -- (科學視界；166)

　ISBN 978-986-6363-72-6（平裝）

　1. 生命科學

360　　　　　　　　　　102023645

科學視界 166

3小時讀通生物

作　　　者／左卷健男、左卷惠美子
譯　　　者／陳文涵
主　　　編／陳文君
編　　　輯／張瑋之、李芸
企　　　劃／余瑞芸
出 版 者／世茂出版有限公司
負 責 人／簡泰雄
登 記 證／局版臺業字第564號
地　　　址／(231)新北市新店區民生路19號5樓
電　　　話／(02)2218-3277
傳　　　真／(02)2218-3239（訂書專線）、(02)2218-7539
劃撥帳號／19911841
戶　　　名／世茂出版有限公司
　　　　　　單次郵購總金額未滿500元（含），請加50元掛號費
世茂網站／www.coolbooks.com.tw
排版製版／辰皓國際出版製作有限公司
印　　　刷／祥新印刷股份有限公司
初版一刷／2014年2月
　　四刷／2019年1月

Ｉ Ｓ Ｂ Ｎ／978-986-6363-72-6
定　　　價／280元

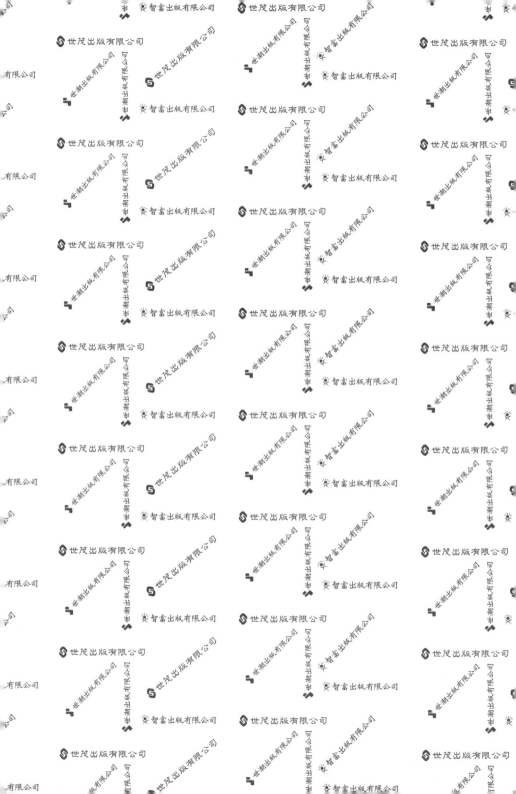

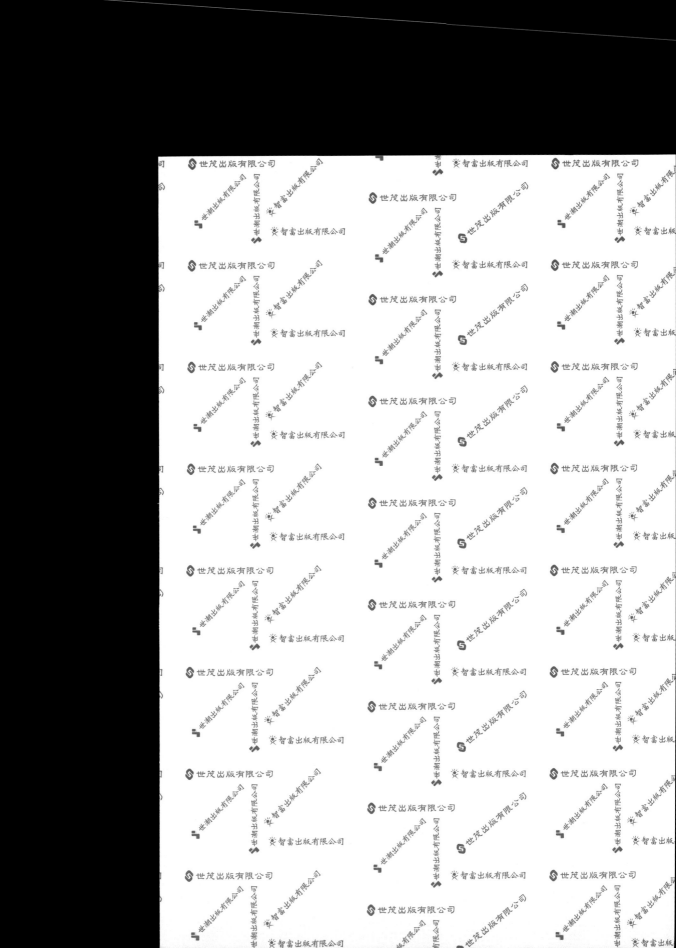